傳家
大廚菜

國宴主廚邱寶郎的
30年終極之味

用心款待台菜滋味

　　邱師傅是我在業界認識數十年的老朋友，有西餐資歷又有深厚的台菜味道手藝，得知邱師傅要出一本《傳家大廚菜》與大家分享，我非常開心。我本身也是台菜四十八年以上的經驗，對台菜的堅持我永不忘，老台菜、新台菜都是不能被大家所遺忘的。

　　恭喜邱主廚將台菜重新呈現，讓喜愛台菜的饕客們可以透過此書讓大家更了解台菜，也可以透過這本書做出一桌「家」的美味。

中華美食交流協會榮譽理事長
施建發（阿發師）

世間美味都比不過家之味

　　家這個字始終讓人覺得溫暖，而這種溫暖當然也涵蓋了家的味道。

　　市場上的食譜百家爭鳴、爭奇鬥艷，無論是中餐、西餐、日料、世界料理、川菜、粵菜、閩菜、八大菜系、手路菜、家常菜、創意菜，應有盡有……但！這都比不上家的味道，畢竟走過了千山萬水，最後回去的還是家，就如同學會了千百萬道，最後渴望的還是家的家傳菜。

　　寶郎師傅的家傳菜，或許也會是你們家的家傳菜，試試看！

型男主廚 **詹姆士**

完美的菜等於真心樸實的幸福味

食飽嘸？呷飽嘸？吃飽沒？不同語言卻有著最親切感的問候語，是人與人之間天天幾乎都會表達的聲音和直接的互動。經典的傳家暖滋味，一代傳承一代，守住彼此最熟悉的味道。寶寶師傅總能很精準紮實的將每道菜餚注入滿滿活力與創意生命力。擁有高資歷和濃情客家特色，其真功夫堪稱一絕！保留客家傳統搭配創意手法，常常呈現出來的美食令人驚豔，難忘寶寶好滋味，真的常常會嚇到寶寶囉……

身為美濃女兒與瑞芳媳婦總是要擔起廚房的份內事，起初只是單純想抓住老公的胃、當個稱頭的好媳婦，而學習廚藝，沒想到做菜竟然成為我的興趣和找音樂靈感的來源。但畢竟我是土法煉鋼的廚藝根本沒基本功，就這樣慌張的在廚房憑著阿嬤和婆婆傳承的味道而慢慢摸索而成，有次到型男大主廚錄影時碰見寶寶師傅時，私底下向他討教了幾招做菜的基本功和技巧，筆記拿起準備全神貫注的抄下每句重點，結果～

寶寶師傅很簡單自在的告訴我，要呈現一道完美的菜，最需要的是讓品嚐者嚐到一種真心樸實的幸福味那麼就值得了，至於基本功就是要耐熱待得住廚房。雖然聽起來很抽象卻也讓我更清楚，拿捏好一道菜其實需要的是邱寶郎師傅的一本好書！

寶迷們，讓我們一起將寶寶師傅帶進去每個人的廚房大展身手吧！

金曲歌后 **朱海君**

用平凡食材堆疊出寶式美味

寶寶師傅就像我的哥哥、我的廚藝老師,每次有任何料理的問題,第一就是直接打給他求救,他總是細心的講解,不厭其煩的讓我一直詢問。對待料理,他也是如此,將客家料理翻轉成「寶式味」,將平凡的食材搖身變成「寶式美味」,樸實又淘氣,就像寶寶師傅個性一樣,很吸引人。

當看到寶寶師傅在他們老家果園分享採收時,其實讓人好生羨慕,一個好廚師,除了能將美味堆疊變化,如果還帶有「小農」吃苦耐勞的附加價值,反映在自家的農作物上,你說說~這位廚師真的不得了。

這本又是一本寶寶師傅用心全力灌溉出的「料理秘笈」。不管你會不會下廚,真的跟著步驟,你也能變成「小寶郎師傅」。最後,是我公器私用,師傅~你說如果我有第二胎,你要幫我做月子喔~(笑~~~)

神手媽媽 **張棋惠**

讓做菜變得輕鬆又簡單

　　恭喜寶郎師傅的新書出版了！認識寶郎師傅已經超過十年了，同樣是農家子弟又同樣從小就喜歡做菜的我們一見如故。寶郎師傅這本《傳家大廚菜》可以說是集結了他三十幾年的廚藝跟十五年教學經驗的精華，完全不藏私，讓大家輕鬆又簡單的把全部的撇步一次學起來。隨意真心的推薦給喜歡做菜的朋友們。

總鋪師歌王 **陳隨意**

跟著大廚，新手也能變神廚

　　恭喜寶寶師傅的食譜書《傳家大廚菜》出版了！對於喜歡做菜的朋友來說真的是一大福音，身為國宴主廚的寶寶師傅首度將大廚做菜的私密妙招大公開。連我這種不會做菜的人，都可以透過這本書讓自己煮出一手好菜～

　　身為好朋友的我一定要用力推薦給喜歡做菜的朋友！我們一起來變神廚吧。

甜心台語歌后 **謝宜君**

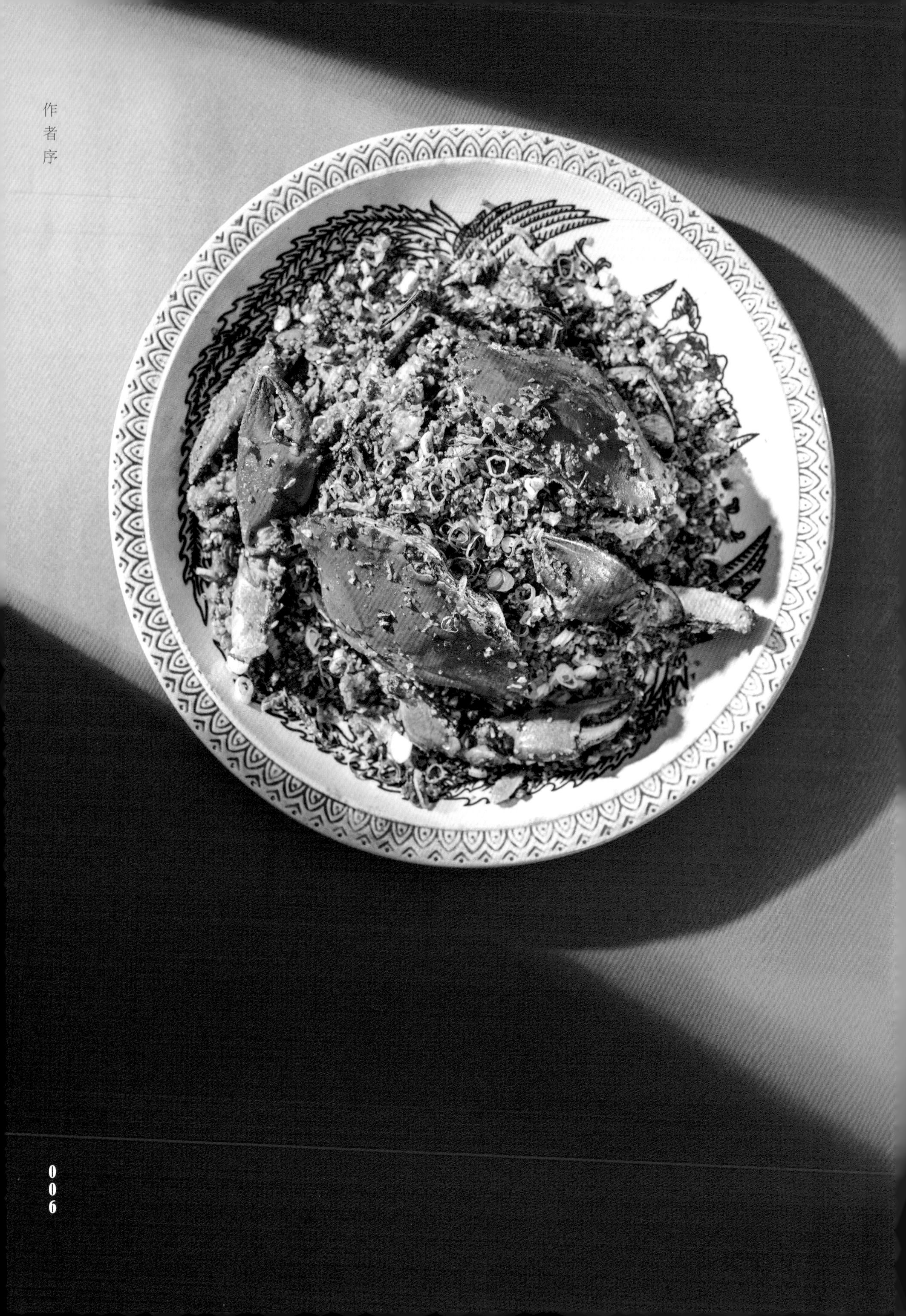

在料理中
找回記憶之味

　　這本書，與大家分享我三十餘年來的學習經驗，內容有喜宴菜色、壽宴、宴客菜、酒家菜等等……，並用易懂、易學的方式來引導大家入門，讓人人都能變大廚。

　　一般的台灣家常料理手法，最常見的烹煮方式為清蒸、乾煎、清炒等，然而對於飯店的宴客菜，都感覺「那是只有專業廚師才會做的菜」，我在這本書中要讓大家擺脫這樣的既有想像，將大家耳熟能詳的經典大菜完全解鎖、完美呈現，載明清楚的步驟作法，讓人人在家都能輕鬆做出一桌宴席料理。

　　料理博大精深，許多人為了好吃的食物而尋味、尋根，老祖宗傳承下來的味道與典故，有時候更是一份記憶與感情，味道對了，一切都對了，這也是我身為料理人的成就感。

序

syu

章

jhang

見證台灣飲食文化的——

傳家大廚菜

喜宴

si

yan

紅燒獅子頭

龍蝦沙拉

綠花椒油封大干貝

梅子小番茄

紹興醉雞

花菇燉全雞

煙燻櫻桃鴨

蒜泥蒸龍蝦

蔗香滷油雞

樹子海斑捲

花好月圓

鰻魚油飯

扁魚蛋酥白菜滷

筍絲滷蹄膀

紅麴福圓甜米糕

壽

shou

宴

yan

涼拌海蜇頭

肴肉凍

香煎烏魚子

滷牛腱

五味鮑魚

蔥串燒排骨

生菜蝦鬆

荷葉糯米滑雞飯

干貝胡椒豬肚雞

鮮蝦如意捲

XO醬炒雙鮮

萬壽無疆長壽桃

蔥油淋紅條

豬腳長壽麵

雙醬白斬雞

蔥油淋紅條

十全燉海鰻魚

粉絲蒸螃蟹

藥膳醉草蝦

櫻花透抽捲

涼拌海蜇頭

五味鮑魚

香煎烏魚子

金鯧芋頭米粉

翡翠海鮮羹

XO醬炒雙鮮

白灼大草蝦

鮮蝦如意捲

蠔油燴海參

海鮮宴

hai

sian

yan

做菜說菜，
在味蕾上傳承的記憶

　　我媽媽以前是專門在幫人家做流水席，也有到國小煮營養午餐，那個時候的職業婦女出門孩子沒人顧就是帶在身邊，所以我從小就是在各式各樣的辦桌場、廚房裡長大。小朋友嘛，根本幫不到什麼忙，頂多幫忙吃而已，沒辦法騙人家說有學到什麼技巧，但也是多虧這樣，我的味蕾敏銳度變得比較高，在進入廚師這一行後得到很大的幫助。

　　我們家是客家家庭，後來長大進入飯店工作，學西餐也學中餐，以前的廚房工作是這樣，跟到什麼師傅就學什麼菜，所以我幾乎各種料理都學過一輪。經過幾十年在廚房的生活，我發現很多廚師技術非常好，端出來的菜真的是好吃！尤其一些早期的大廚菜，藏有深厚的功夫沒話說，講究的程度甚至連選用的食材都要有深遠含意，例如台菜和客家年菜裡都常有的蹄膀，就是因為團狀的外形在客家料理象徵「一團和氣」，閩南語的諧音也和「財庫」很像，方方面面都很吉利，在我們的飲食文化中，寓意也是很重要的一環。

以前在飯店時，西餐中餐都要學。

我們所謂的大廚菜、功夫菜，味道、技術、擺盤裝飾都是基本功，每道菜裡頭還要傳達很多主人、廚師和賓客的對話。可惜的是，這些都是關在廚房裡的學問，因為以前的廚師是不會露臉的，尤其是中餐的主廚，幾乎都是埋頭在廚房裡做一輩子的菜。很多習俗、手工、技術啊，沒有走出來就不能被保留、傳承下去，然後在這個講求「速成」的時代裡就越來越少，或是被遺忘了。

早期台灣師傅的烹調技法主要是從中國傳過來的粵菜、湘菜、川菜、魯菜等八大菜系，後來到了日治時期，日本人對食材的講究，還有燒烤、下酒菜、定食等飲食差異也帶來了很大的影響，再加上外省、本土、客家等不同族群的傳統和口味喜好，台灣在料理上漸漸也發展出一套自己的大熔爐系統。

書裡除了餐廳名菜，也有很多以前耳熟能詳的料理，像是滷牛腱、白鯧芋頭米粉，都是我們那個年代，家家戶戶過年過節家裡桌上會有的菜，只是現在比較少看到，或是大家不常自己做了。以前師傅的做菜功力可以說是只靠傳承，一代傳一代，師徒制或是父傳子，很容易沒有人繼承就中斷，很好的菜或手藝就這樣消失了非常可惜。

現在這個年代已經不像早年封閉，出這本《傳家大廚菜》也不只是想教大家烹調的技巧，更重要的是希望讓這些菜色能夠走進一般人的生活，才能真正保存下來。我覺得對於現在的廚師來說，除了「做菜」還要會「說菜」，怎麼讓大家容易、願意學會自己做，「傳承」也是一件很重要的事。

每一道料理的用料、盤飾都必須講究。

受到日治時期影響，
台灣也發展出小分量的精緻餐點。

歡用一些昂貴、特殊的食材和精緻的手藝、技巧來彰顯自己的派頭。
各家爭奇鬥艷比拚廚藝，激發出很多料理的創意，浮誇的程度現代人
應該很難想像。而現在台灣所謂的「大廚菜」，大多也都是從這些早
期的「阿舍菜」、「酒家菜」、「辦桌菜」演變來的。

阿舍菜

有錢人家的私房手路菜

　　阿舍在閩南話裡是「有錢人」的意思，早期府城財力雄厚的阿舍家大多會有廚藝高超的家廚，負責家族或宴客時的伙食。這些料理講究多重的醃、滷、炸、燴、蒸等工法，手藝很精巧，像是著名的干貝菊花湯，就是用蛋皮切割出在湯裡綻放的花朵模樣，豬腳魚翅則是把豬腳的骨頭仔細抽出來再塞入魚翅，都是非常考驗廚師功力和獨特性的私房手路菜。但也因為阿舍菜是「家裡的菜」，一般人很難吃得到，加上以前人對倫理的重視，廚師換了東家也不會把菜的作法「帶走」，導致很多菜色因此失傳。一直到後來家廚的需求越來越少，廚師們回鄉或轉行後開始承辦宴席、辦桌，有些菜色才傳承了下來。

酒家菜

各路廚師爭鳴的創意激發

七〇年代時期的台灣錢淹腳目，商業人士談生意都會去酒家，當時的酒家呈現的菜色多數很有特色。因為經商需要，廚房師傅會用十八般武藝將食材變化得淋漓盡致，不是充分運用罕見食材或舶來品（例如用當時流行的罐頭食品做成的「魷魚螺肉蒜」），就是將常見食材用不一樣的方式烹調，魚變成蝦、蝦變成魚，帶給賓客驚訝的反應。先用料理勾起賓客的興趣後，談起生意就簡單多了，一旦生意成了，廚師和餐廳拿到的小費當然也不會少，所以當時幾乎每家酒店都有一批強大的廚師群，來美化食材的變化，像是雞仔豬肚鱉、布袋豬肚鱉、白菜滷、炸雞捲、羊腩燴白菜，這些都是早期常見的酒家功夫菜。

辦桌菜

街頭巷尾的料理競技場

辦桌菜以台菜、粵菜為主，可以說是我從小最常接觸的料理。在餐廳飯店的宴席想必大家都不陌生，但讓我永生難忘的，卻是在鄉下舉辦的流水席。早期交通不方便，餐廳飯店的資源也匱乏，台灣街頭巷尾、宮廟的宴席都是由地方上的總舖師在操刀。以前大家喜歡熱鬧的排場，尤其是氣勢不能輸人，喜宴一定要有電子花車，在空地上擺滿鋪紅色塑膠桌巾的大圓桌，菜色更不能失了格調，滿滿的奢華食材，龍蝦沙拉頭盤、烏魚子與鮑魚陪襯、經典的佛跳牆、手工的蝦捲、甜湯等等……幾乎都有 12 ～ 16 道菜色。

宴席的菜色各地區也不太一樣。南部沿海居多，所以餐桌上面以海鮮為主，南部人個性豪爽大方，料理一家比一家浮誇，乾冰、冰雕、燈光都上桌，總舖師間也會互相比拚菜色，大盤大盤的新鮮龍蝦、鮑魚、烏魚子，不怕人家吃。相較之下北部就比較樸實無華，菜色以台菜為主，強調宴席環境、服務、菜色擺盤、桌椅的舒適度，讓賓客整體感覺舒適，菜色中規中矩，但入味、厚實的滋味讓人難忘。

各種講究的宴席桌菜

宴席的菜色除了注重烹調技法、食材鮮美之外，從料理的命名、食材象徵性、盤數等都有很多的寓意，必須依照各種場合搭配調整。以喜宴來說，一定會是雙數的菜色，每道都要配一個喜氣洋洋的名字。下面這是比較常見的出餐方式：

第一道 百年好合迎賓六品味

六道菜的頭盤，以烏魚子、醉雞、鮑魚等高檔食材的冷食為主，表現主人家的大氣、氣派，有面子的開始。

第二道 濃情密意甜上我心頭

花好月圓（炸湯圓）、葡萄乾、花生粉等，象徵新人甜蜜一輩子。

第三道 雙鮮玉貝鮮甜情綿綿

干貝、XO 醬炒雙鮮等海鮮小品，干貝象徵帶子、雙鮮表示濃情蜜意、百年好合。

第四道 龍鳳呈祥同慶賀愛意

海鮮主菜，很常用清蒸大龍蝦，表示新人如龍蝦殼般紅紅火火。

讓賓客將料理帶回家的「打包文化」

辦桌菜裡的「打包」，也是台灣宴席裡很特別的一項文化。以我們客家家庭來說，以前逢年過節或是喜宴的時候，都會家族總動員起個大早，一部分的人去搓湯圓、一部分的人去搗麻糬，大概 11 點前大家就會先吃到湯圓、麻糬，吃到半飽再去喜宴場地，然後大概出三道菜，就會開始發塑膠袋，放在雞腿或者是蹄膀的旁邊，讓人家可以包起來帶走。因為這樣，所以後面的菜色都會以乾的居多，炸排骨也好、炸雞腿也好，或者是一人一個的荷葉粽，方便大家帶回吃，宴席裡 16 道菜可能就吃個 3 ～ 5 道。我最記得我小時候吃到炸雞腿也都捨不得吃，全數打包帶回家給家裡人共享。

宴席文化的時代變遷

近年來隨著時代的變遷，這些宴席上的大廚菜也有了很多改變。早期宴席講的是真功夫，講究炊具、技術、地方色彩、真材實料，以較為費工的經典老菜為主，炸大雞腿、竹筒飯、布袋雞、甲魚豬肚雞等等，讓賓客吮指回味。

現在的宴席不同了，食材通常會依照主人家的指示或喜好設計，以費用成本、風俗、口味為主要的考量，用材方面沒有設限，龍鮑翅肚燕窩都可以用，菜單排序也有可能中西合併，例如，中式料理穿插焗烤大蝦、德國豬腳、松露烤魚，甜點也有可能是起司蛋糕、馬卡龍、瑪德蓮。

以前辦桌會先選有名望的總舖師，菜色多數為公版菜單，頂多改一個素食的。至今賓客先選場地，再選菜色內容，多數也不會選單一口味的菜色，可能是中西合併、中粵合併，或是年輕人喜歡的西式自助餐形式，人數少的話，也會改用一人一份的套餐呈現。光是從宴席桌上的菜色，就可以看出不同時代的差異。

從餐廳
走入家庭的
大廚料理

廚藝總監
邱寶郎

一般人對大廚菜的認知，就是作法繁瑣、工序多，在家裡不可能做得出來。主要是我們在餐廳的設備和技術不一樣，而且都是製作大量、操作必須要快，所以常常用油炸的方式，放較多油量去烹調，才不會讓客人等太久，食材保色保味才會到位。

　　但其實現在家電、採購都很發達，扣掉一些特別繁瑣、精細的料理，很多菜只要稍微做點調整，當成家常料理也沒什麼問題，可以依照個人的需求改變作法或分量，讓製作更簡便。例如我在這本書裡選的去骨醉雞、蒜味蒸大蝦、清蒸大龍蝦、豬肚雞、佛跳牆等大菜，就都是一些經典、能夠在家裡重現，簡單可以取得的食材。

　　人家說「江湖一點訣」，很多料理其實也是這樣，只要掌握一些製作撇步，即使是樹子海斑捲、鮮蝦如意捲這種手工菜也不難，有的只是需要花時間燉煮，或是也有像白灼大草蝦、雙醬白斬雞這種有代表性又簡單的菜，學起來很好自己發揮應用。例如你調一個黃金比例的五味醬，用「滾水下滾水上」的方式汆燙出又嫩又鮮的海鮮，平常家裡吃沾蝦子、花枝，宴客或是過節時大手筆換成鮑魚，就有很多說不完的變化。有些技巧說穿了沒什麼難度，但都是廚師們花了數十、數百年研究出來的成果。

「寶」證學得會！把大廚菜變簡單的技巧

　　這本書裡很多菜都是從早期的酒家菜、辦桌菜這些宴客料理演變而來的，所以會有很多全雞、全魚等整隻的食材，有些分量也比較大，看起來氣派大器，很適合過年過節的時候端上桌。至於平常在家裡做的時候，也很簡單，只要依照自己的口味、需求做些小小的調整，用量減少、調味減淡、烹煮方式簡化，就是適合日常的料理，可大可小，沒有設限。

1 依照人數增減食材量

　　先確認食譜分量，調整成適合家裡人數的用量。如果是小家庭，可以把**全雞改成半雞或大雞腿、整尾的魚改魚片、蒸油飯使用電鍋小分量**，烹調更方便，食材也不會浪費。

2 請攤販分切，購買處理好的食材

　　在傳統市場購買食材，像是去骨雞腿排、切塊豬腳這種自己切或剁很麻煩的，**請肉攤老闆先處理好**就會很方便。如果習慣在超市購買，市面上也有很多已經做好前置處理的食材，不需要考驗刀工。

3 調整並簡化烹調方式

　　一般家庭不像餐廳廚房設備齊全，但只要依照自己的狀況簡化一些步驟，搭配家電使用就很方便。例如不喜歡起油鍋的人，可以把**炸全雞改成用氣炸鍋或烤箱、蔬菜過油改汆燙、油炸改淺油半煎炸**，就會輕鬆很多。

4 調味料分次少量添加

　　不可以剛開始就加太多調味料，因為每種食材都有自己的味道，如果調味過重就會改變這一道菜的風味。食譜配方是參考的依據，但食材本身狀況、不同品牌調味料的差異、個人口味等也有影響。**最簡單的方法，就是不要一次下足，「分次少量加」，慢慢調整成自己喜歡的味道。**

5 避免一開始就用大火

　　做菜要先了解食材的屬性，要熟，要入味，還要美觀。我們在家裡煮飯不像餐廳大量製作可以大火快炒，如果入鍋火過猛，結果不是燒焦，就是湯汁一下子收乾食材還沒熟。**建議先用中火或中小火嘗試，才能避免失敗。**

6 該花的時間、程序不要省

料理基本功很重要，有些泡水或醃漬的步驟不能偷懶，例如醃漬肉類時，大部份情況建議要醃置半小時左右，**必須讓味道扎實醃漬進食材裡，受熱後才能享受到該有的美味**。還有一些小撇步，舉例做醉雞這道菜的時候，在肉上劃刀就很重要，之後先蒸再浸泡中藥材時才能夠更入味。按照書裡的步驟說明和重點提示，肯定會成功！

基本刀工

料理的刀工很重要，從備料、烹調到擺飾都影響很大。不一定要學很精細或是高超的手藝，但因為不同的切法會影響蔬菜的口感、香氣、味道，學會基本的切法，才可以讓料理的味道更到位。

滾刀塊

用途非常廣泛，像是燉菜或煮湯都會用到，不規則的切面可以吸附更多味道，是馬鈴薯、胡蘿蔔、茄子等蔬菜的常見切法。

片

中式料理常用，煮湯、快炒都可以。除了用菜刀切，也可以用削皮刀刮。切絲或切末都是來自切片的衍伸。

鋸齒狀花紋片

煮湯時常用到，例如薑片、筍片等，看起來比較美觀，能夠提高菜的價值感。

條

屬於刀工中的基本功，要先會切條才能切小丁。湯羹類料理也會用到。

絲

中式料理中常見於湯羹類，也會用在快炒料理，如木耳絲、胡蘿蔔絲、竹筍絲等，可以加快熟的速度。

末

通常是用在不需要口感、只要保留香氣的時候。例如青蔥、芹菜、紅蘿蔔等蔬菜切成碎末後，味道會比較快釋放出來，很適合用來加入絞肉中或用來醃肉。

大丁

中、西式料理都常用到的切法，塊狀的口感明顯，比較不容易軟爛，常見於需要久燉的菜。

中丁

大多用於需要稍微炒一下或燜煮的菜，比滾刀塊或大丁更快熟，又可以吃到口感。我們常說的洋蔥丁大約就是這樣的大小。

小丁

譬如避風塘或蝦鬆的切法，不像大丁或中丁的口感明顯，但還可以保有一點一點的顆粒感。通常會先切條再切成小丁。

滾刀塊

片

末

鋸齒狀花紋片

大丁

中丁

條

小丁

絲

基本調味料

大廚菜講究的是技巧和食材的鮮美，靠食材的味道去堆疊出層次，不太需要用到很多特殊或稀有的調味料。下面這些是中式料理的基本調味，也是一般家裡都有的，準備起來很方便。雞湯可以自己熬老母雞湯，也可以購買市售的現成品，選擇自己喜歡的方式就好。

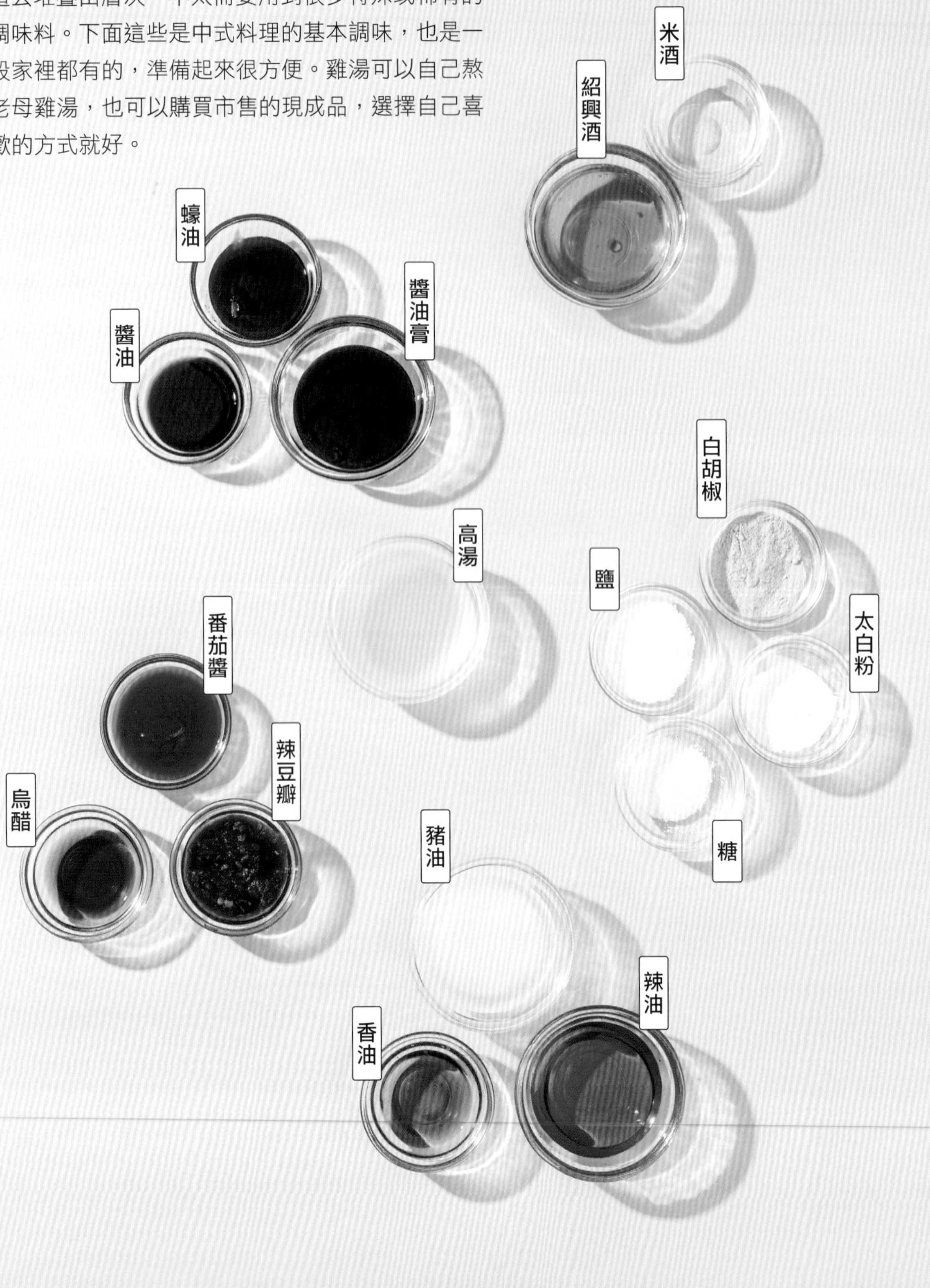

米酒

紹興酒

蠔油

醬油膏

醬油

白胡椒

鹽

太白粉

高湯

番茄醬

辣豆瓣

烏醋

豬油

糖

香油

辣油

炒鍋

湯鍋

平底鍋

電鍋

蒸鍋

竹網墊

調理用碗盤

量匙

漏勺

湯勺

打蛋器

煎鏟

削皮刀

擀麵棍

篩網

菜刀

磨泥器

剪刀

基本鍋具&廚具

　　這些是我在這本書裡使用到的鍋具和廚具，除了基本的炒鍋、平底鍋、蒸籠之外，善用家電幫忙也可以省很多力，例如長時間燉煮的料理改用電鍋，不用顧火輕鬆很多。不想要起油鍋的人也可以改用氣炸鍋或烤箱處理油炸的過程。其中比較特別的是防沾黏的竹網墊，燉湯的時候放在鍋底，可以避免雞肉或豬肉等食材黏在鍋底，煮出來的肉不會破皮，清洗也很方便。

chapter 1

頭
tou

盤
pan

香煎烏魚子

煎

　　台灣每年入冬第一個寒流來襲，就會看到新竹以南西海岸的漁民們全副武裝，冒著寒風下海去捕撈烏魚，因為這時正是烏魚最肥美的時節。烏魚全身都是寶，撈起來後要馬上處理，先去肚拿出魚卵，再把魚卵鹽漬，曬乾之後就是烏魚子。拿掉魚卵的魚身稱為「烏魚殼」，在市面上沒什麼價值，但肉質細嫩，清蒸、紅燒都很好吃。

　　被稱為「烏金」的烏魚子，以前只能靠捕撈野生烏魚製成，是酒家菜或高檔宴席才吃得到的高級品，油脂豐厚、黏嘴、甘甜鹹香。現在養殖發達之後，烏魚子的價格相對便宜，幾乎成為各種辦桌、餐廳裡頭盤的紅牌，也很適合在過年時當伴手禮，應景又體面。

　　烏魚子本身帶有些許海腥，烹調前浸泡過白酒、米酒或高粱酒，腥味沒有了，煎的時候還會有酒香，搭配爽脆的水果、蘿蔔，鮮甜濃厚。煎到微上色後一定要放涼再切片，才能切出片片俐落的漂亮形狀。

材料（3-4 人份）　　**調味料**

烏魚子 2 片　　　　　高粱酒 40cc
蘋果 1 顆
白蘿蔔 1/3 條

≡ 備料重點 ≡

● 挑選外觀偏黃、有油亮感的烏魚子，一片 5-8 兩最剛好，太大一次吃不完，解凍再冰就不新鮮了。

● 一片烏魚子約泡 20cc 的酒，白酒、米酒、高粱酒都可以。

● 除了蘋果、白蘿蔔外，也可以準備梨子、蒜苗做搭配。

作法

1 用小刀將烏魚子外層的薄膜去除（圖 A、B），再泡高粱酒醃一下。
TIPS
　● 烏魚子的膜如果不撕掉，吃起來會卡卡的不順口，而且不好切。
　● 泡酒可以去腥，並且增加香氣，使用米酒或其他白酒類也可以。

2 取一支平底鍋，抹上少許沙拉油（材料分量外），放入泡過酒的烏魚子，以小火煎至雙面上色（圖 C）。
TIPS
也可以直接將去膜後的烏魚子入鍋煎，再加酒嗆燒，會比先泡過酒的更上色。

3 煎好的烏魚子先放涼，再切成片狀。
TIPS
一定要放涼了再切，否則容易散開來。

4 白蘿蔔與蘋果都去皮後，切成小片狀。將烏魚子搭配蘋果與白蘿蔔一起吃。
TIPS
搭配水分多的水果、蔬菜，可以增加水分。

A

B

C

涼拌海蜇頭

拌漬

在年菜、辦桌的冷盤裡面，一定不能少的就是涼拌海蜇，口感爽脆，酸辣開胃。海蜇有分海蜇頭、海蜇皮、海蜇絲，其實都是海裡的水母，只是部位不同。海蜇頭是水母的觸鬚，肉質較厚、較脆口，比起海蜇皮，是海蜇中等級較高的部位，價格也比較昂貴。

一般市售的海蜇都是鹽漬好的，才能保存得久，只有在南北雜貨行或較大型的市場才會販售生的海蜇。涼拌海蜇的製作不困難，重點在前置作業。買回來清洗乾淨後要泡冷水兩天（每天換水三到五次），讓鹽漬風乾的海蜇完全泡發，鹹味才不會堆積在裡面、味道不佳。當然使用流水更快更好，但缺點就是很耗水。泡發好的海蜇切片或切絲，用滾水汆燙殺菌之後，用醬料醃漬入味就完成了。

材料（3-4 人份）

- 海蜇頭 500g
- 小黃瓜 3 條
- 紅辣椒 2 條
- 蒜頭 6 粒
- 青蔥 2 根

調味料

- 大紅袍花椒 1 大匙
- 醬油膏 2 大匙
- 香油 3 大匙
- 辣油 2 大匙
- 烏醋 1.5 大匙
- 砂糖 1.5 大匙

裝飾物

- 白芝麻 1 小匙

作法

1 將海蜇頭洗淨後，用冷水浸泡 2 天左右，再濾乾水分。

2 將海蜇頭切成適口大小，**用滾水汆燙約 10 秒**（圖 A），即快速撈起泡入冰水備用。

TIPS
熱水汆燙的步驟很重要，可以達到殺菌的作用，但時間不能太久，否則海蜇縮水、變硬，口感會變差。

3 小黃瓜、紅辣椒、青蔥都切成細絲狀，蒜頭切片備用。

4 取一個容器放入作法 2、3，再加入所有**調味料**，攪拌均勻後醃漬約 30 分鐘，最後撒入白芝麻即可食用。

TIPS
時間夠的話最好能夠醃漬一晚，味道更好。

A

涼拌海蜇頭

五味鮑魚 拌

台菜冷盤中存在一個南北共通，從小吃店到高級餐廳都看得到的醬料——經典的「五味醬」。花枝、軟絲、透抽、蝦仁，五味醬搭什麼海鮮都對味，不要小看這種好像家家戶戶都會做的醬料，其實有甜有鹹、各有滋味，反而很挑戰師傅的手藝，不能太淡無味，也不可以過酸、過辣，搶過海產本身的鮮甜。

餐廳裡最常用來搭配五味醬的海鮮，大概就是九孔和鮑魚了，口感好又有賣相。主要的養殖聖地位於台灣東北角海岸，這一帶沿海水質乾淨，吃起來很安心。很多人分不清九孔和鮑魚，兩者看起來相似，從外觀來看殼上都有九個孔，差別是鮑魚的殼圓胖，九孔橢圓；肉質上鮑魚偏軟，九孔扎實。兩者的烹調重點都是汆燙，只要控制好時間，肯定口感不老不柴、Q 彈鮮甜。

五味鮑魚

材料（3-4 人份）	五味醬		裝飾物
鮑魚 6-8 顆（大）	薑 30g	番茄醬 3 大匙	大番茄 1 顆
薑 1 小段	蒜頭 30g	醬油膏 1 大匙	苜蓿芽 1 盒
青蔥 1 根	青蔥 30g	砂糖 1 大匙	
	辣椒 1 條	米酒 1 大匙	
	香菜 2 根	香油 少許	

≡ 備料重點 ≡

● 鮑魚也可以換成九孔 6-8 顆，處理方式相同。

● 五味醬建議前一天先做好，放一晚更好吃。製作好的五味醬可以冷藏保存 3 天左右。

● 大番茄和苜蓿芽也可以改成小豆苗、芥藍等蔬菜，清爽解膩。

作法

1 鮑魚使用牙刷將表面刷洗乾淨備用（殼也要洗乾淨）。
TIPS
鮑魚的皺褶中可能藏有髒汙，用牙刷仔細刷洗再食用比較安心。也可以先泡鹽水去除黏液再刷洗。

2 將材料中的薑切片、青蔥切段，一起放入滾水中，再放入洗淨的鮑魚，以滾水汆燙約 2 分鐘後，取出泡冰水備用。

3 將**五味醬**的薑、蒜頭、青蔥、辣椒、香菜都切成碎狀，再加入其他調味料，一起攪拌均勻成沾醬備用（圖 A）。

4 將煮好已冷卻的鮑魚取出，用手將鮑魚的肉跟殼分開，去除後面的肝臟（圖 B），**表面劃刀（菱形細格紋）備用**（圖 C）。
TIPS
鮑魚的肉質較厚，劃刀可以幫助入味。

5 大番茄切片。將苜蓿芽鋪底，排入鮑魚，再淋入製作好的五味醬，沿著盤緣排入番茄片即可。

用自己喜歡的方式做菜，味道對了，一切都對了。

龍蝦沙拉

早期在氣派的喜宴場地，一定會有一對天鵝或是鳳凰冰雕，展現成雙成對的喜氣氛圍。除此之外，主人家都希望第一道菜就給賓客大器又豐盛的印象，因此最有面子的菜色肯定放在頭盤。其中，龍蝦絕對是重頭戲，看起來尊貴豪華，象徵「龍鳳呈祥」、「龍飛鳳舞」的語意也非常吉祥。

龍蝦沙拉其實在廣東菜系中表現最多，因為香港四面環海、漁獲豐盛。因為賣相很好，久而久之，在台灣喜宴桌上也成為常見的一道菜色。龍蝦是高貴的食材，講究的宴席中絕對不可能用死龍蝦，沒有活龍蝦獨特的甜度外，Q度與口感也完全不能比。龍蝦無論是汆燙或蒸煮，都必須算準時間以免肉質過老。

沙拉 龍蝦

材料（3-4人份）

活龍蝦 1 尾
高麗菜 1/4 顆
大陸妹 2 片
大番茄 1 顆

醬汁

美乃滋 1 條
檸檬汁 1 小匙
蜂蜜 1 小匙

裝飾物

蝦卵 1 大匙
食用小花 10 朵

☰ 備料重點 ☰

- 大家很常把龍蝦和波士頓龍蝦搞混，波士頓龍蝦屬於螯蝦的一種，有兩隻大螯，龍蝦則沒有螯，外觀上很容易分辨。波士頓龍蝦的價格相對便宜，如果改用波士頓龍蝦的話，也是一樣的操作模式。

- 活龍蝦的味道和死掉的龍蝦有明顯差距，尤其是追求鮮度的龍蝦沙拉。不敢自己殺龍蝦的人，也可以折衷購買活凍龍蝦。

作法

1 首先將龍蝦放血，作法是拿刀從龍蝦腹部（頭與身體的交界處）戳進去（圖 A），會流出淡藍色的液體。

TIPS 龍蝦放血後，肉質才不會變黑，也不會有異味。

2 接著將龍蝦放入滾水鍋中，以大火煮約 10 分鐘（圖 B），取出放入冰水中冰鎮（圖 C）。

3 將高麗菜切絲，**放入冰水中冰鎮 30 分鐘**，再濾乾水分。

TIPS 高麗菜絲泡過冰水後，爽脆度會更好。

4 拿小刀戳進龍蝦殼內，將蝦頭與蝦身分開（圖D、E）。保留蝦頭；蝦身從兩側各剪一刀，便能去除外殼（圖 F、G），然後拿牙籤剔除腸泥（圖 H），再切成片狀備用。

5 把高麗菜絲鋪底，番茄切片當作圍邊，大陸妹襯底。把龍蝦頭從兩邊各剪一刀後撐開，讓它立在盤子上；龍蝦肉片均勻地鋪在生菜上面。

6 最後將**醬汁**攪拌均勻後，均勻淋到龍蝦肉上面。再擺上蝦卵、食用小花做裝飾即可。

延 伸 食 譜

蝦片沙拉

材料

大白蝦或大草蝦 8 尾　　大陸妹 2 片
高麗菜 1/4 顆　　大番茄 1 顆

醬汁

美乃滋 1 條
檸檬汁 1 小匙
蜂蜜 1 小匙

裝飾物

蝦卵 1 大匙
小豆苗或食用小花 適量

作法

1 先將大白蝦或大草蝦洗淨，放入滾水鍋中，以「滾水下滾水上」的方式汆燙一下，再放冰水中冰鎮。

TIPS 「滾水下滾水上」是海鮮基本的汆燙原則，水燒滾後下海鮮，等再次煮滾就撈起，快速汆燙，保持肉質的 Q 彈和甜度。

2 將汆燙好的蝦子去殼，再對切成片狀，備用。

3 將高麗菜切絲，放入冰水中冰鎮 30 分鐘，再濾乾水分。

4 高麗菜絲鋪底，處理好的蝦片均勻地鋪在生菜上面。

5 最後將**醬汁**攪拌均勻，再平均淋到蝦肉上面。

6 用番茄片、大陸妹、蝦卵、小豆苗或食用小花做裝飾即可。

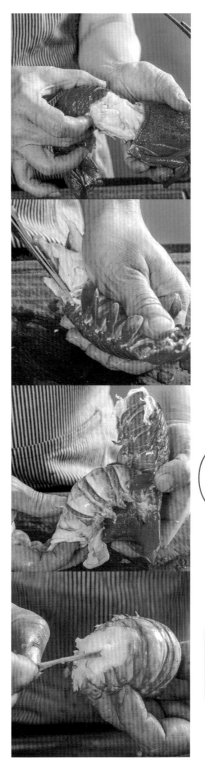

藥膳醉草蝦 (汆)(漬)

宴席頭盤中如果出現蝦子的話，
十之八九是醉蝦。看到這樣的料理登場，
賓客們就可以期待接下來的菜色肯定不錯。醉蝦至少要
浸泡一天才會入味，酒類的選擇雖然看個人喜好，但正統上只會
用紹興酒或黃酒，才能帶出特殊的酒香氣。喜歡酒味重的人，酒不要
先煮過，把蝦子直接泡入酒中就好。

醉蝦用草蝦或白蝦來做都很適合，想要蝦肉吃起來爽脆，汆燙時切
記「滾水下滾水上」的原則，水燒滾放入，再次滾開時撈起就可以了，
如果要讓肉質更扎實Q彈，汆燙後可以再多一道冰鎮的工序。

醉草蝦

材料（3-4 人份）

大草蝦 6 尾
青蔥 2 根

調味料

枸杞 1 大匙　　蔘鬚 10g
紅棗 5 顆　　　紹興酒 300cc
川芎 2 片　　　鹽巴 1 小匙
當歸 1 片　　　白胡椒 少許

作法

1 首先將大草蝦剪鬚、去腸泥，備用。

2 煮一鍋水，加入 2 根切半的青蔥段，再將處理好的草蝦**放入滾水中**，約煮 2-3 分鐘至蝦身完全變色即可撈起。

TIPS
● 青蔥有去腥功能，也可以用薑片。
● 依據食材多寡，汆燙所需時間會不同。因此，汆燙蝦子的要領為「滾水下鍋、水滾後撈起」，燙過頭了肉質會老；燙不夠的話，蝦頭會發黑，如果回燙第二次，肉質會老化，口感就沒有原來的好。

3 將撈起的草蝦放到冰水裡面，快速冰鎮一下，增加 Q 彈度，備用。

4 將所有**調味料**一起加入鍋中，以大火煮開、釋放出中藥味後，即關火放涼備用。

TIPS
藥膳湯滾開後，中藥味會比較明顯，酒味會變淡。如果喜歡酒味濃一點的，就不要把酒加進去煮。

5 把冰鎮過的草蝦放入煮好的藥膳湯，浸泡約 24 小時是最佳賞味期。

TIPS
冰箱冷藏約 5 天內要吃完，冷凍以 1 個月內為佳。

花椒油封大干貝

綠花椒油封大干貝

材料（3-4 人份）

日本大干貝（3S）6 顆
新鮮綠花椒 3 串
酪梨 1/2 顆

醃料

海鹽 少許
白胡椒 1/4 小匙
油 1 大匙

調味料

葵花籽油 300cc
鹽巴 5g
黑胡椒粒 10 粒
蒜頭 3 粒

裝飾物

鮭魚卵 30g
新鮮綠花椒 3 串

作法

1 首先將**調味料**放入小湯鍋中，再加入 3 串綠花椒，以小火加熱 5 分鐘。

2 接著將干貝放入**醃料**中，醃 10 分鐘左右備用。

3 將作法 2 的干貝放入作法 1 的香料油中，**以小火油封**約 7 分鐘，取出備用。

TIPS
全程使用最小火，讓溫度維持在 60-70 度之間，避免干貝肉質變差。

4 酪梨切小塊狀，備用。

5 最後將酪梨、干貝、蒜頭擺盤，淋入作法 3 的油封醬汁約 1 大匙，再擺入鮭魚卵、新鮮綠花椒即完成。

〔油封〕

台灣宴席的頭盤著重於派頭，常以高檔食材入菜，新鮮干貝便是其一。在廣東宴席中，干貝又名「帶子」，有「代代相傳」之意，必須端出生食等級的干貝，讓人感受到甘甜飽滿的肉質，才能讓賓主盡歡。

這道料理是以西餐「油泡」技法封住干貝的鮮甜與湯汁，讓干貝維持在半熟成狀態，比較新式的菜色。為了避免干貝老化，火候須控制在約六十到七十度之間，時間拿捏非常重要。在味道上則運用了川味中的「椒麻」，以含油量高的綠花椒提味，香味清新、麻味柔和。

櫻花透抽捲

炒 蒸

　　年菜中很常出現的透抽捲，其實是日據時代的一道酒家菜，融合了台菜與日本料理的手法。餡料先用大火炒出香氣，再仔細塞入透抽中，蒸出來後切成小圈狀，以類似懷石料理的小分量呈現。因為繽紛的樣子很討喜，是很多宴會或節慶會出現的菜色。

　　透抽捲的餡料通常以鹹蛋黃為主，這個版本則是再結合了櫻花蝦的香氣，鹹香的味道搭配透抽的鮮甜，清爽開胃，再加入色澤鮮豔的青豆仁、玉米粒、紅蘿蔔，顏色也漂亮，搭配的蔬菜沒有非哪種不可，但盡量不要用甜椒這種水分多的食材，口感容易變爛。

　　這道料理蒸的過程很重要，必須維持中小火，避免大火的溫度過高讓餡料爆開來，蒸好之後要放入冷藏冰鎮再切開，才能切出完整漂亮的形狀，不易散開。

材料（3-4 人份）

透抽（中）2 尾
櫻花蝦 25g
鹹蛋黃（生）10 顆
青豆仁 30g
玉米粒 40g
紅蘿蔔 50g

調味料

米酒 1 小匙
香油 1 小匙
鹽巴 少許
白胡椒 少許
美乃滋 100g
玉米粉 1 大匙

≡ **備料重點** ≡

透抽要選大尾一點的，比
較好塞入材料。

作法

1 將透抽去頭、去皮（圖 A），中間肚子清空洗淨，備用。

2 櫻花蝦乾炒一下，只要炒到有香氣出來即可，放涼備用（圖 B）。

3 紅蘿蔔切小丁，與青豆仁、玉米粒一起放入鍋中，大火爆香後，
再加入米酒、香油、鹽巴、白胡椒翻炒均勻，放涼備用。

4 將鹹蛋黃用刀背壓泥後切碎，備用（圖 C）。

5 將作法 2、3、4 的食材與美乃滋、玉米粉一起攪拌均勻（圖 D）。

6 **在透抽肚子內撒少許玉米粉**（材料分量外），再塞入作法 5 的
食材（圖 E）。

TIPS
玉米粉可以幫助食材黏著在一起，切開時會比較緊實，不會散開。

7 使用牙籤以一前一後方式穿過透抽（圖 F），將塞了餡料的透
抽封口。再使用鋁箔紙包起來（圖 G、H），放入蒸鍋或電鍋
中蒸約 8 分鐘即可。

8 將蒸好的透抽捲放入冰箱，待冰冷後再分切擺盤。

A

B

C

D

E

F

G

H

雙醬白斬雞

汆 煮

全雞在台語有「起家」的意思，所以無論家宴、壽宴或喜宴，白斬雞都是常客。白斬雞本身味道清淡，所以品嘗時的沾醬就是重點，蒜頭辣椒醬、九層塔醬油膏、客家桔醬等等，同樣一道菜，也會依地方性口味變得不一樣。

煮白斬雞的時候，最怕破皮、肉質過柴或沒有熟，使用可以讓全雞一次放進去的高瘦湯鍋，過程中就無需翻面，鍋底再放一片竹篩網避免沾皮就萬無一失。煮的時間要依照雞的大小調整，大火滾開後轉小火再關火，透過燜的方式熟成，才能端出漂亮的成品。

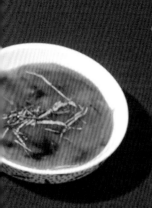

材料（3-4 人份）

仿土雞 1 隻
（約 2.5-3 斤）
青蔥 3 根
薑 30g

沾醬 1 — 蔥油醬

青蔥 1 根　　醬油膏 1 大匙　　砂糖 1 大匙
辣椒 1 條　　香油 1 大匙　　　米酒 1 大匙
蒜頭 2 粒　　醬油 1 小匙
薑 20g

調味料

鹽巴 2 大匙
白胡椒 1 大匙
香油 1 小匙
米酒 2 大匙
月桂葉 2 片
水 3000cc

沾醬 2 — 客家桔醬

客家桔醬 2 大匙
醬油膏 1 小匙
九層塔 2 片

≡ 備料重點 ≡

仿土雞吃起來軟中帶 Q，口
感介於結實的土雞與鬆軟的
飼料雞（肉雞）之間，現在
市面上很常見，做成白斬雞
口感很適合。

作法

1 將仿土雞洗淨後，先**放入滾水中快速汆燙一次**，備用。
　　TIPS
　　● 整隻雞放入鍋子後翻動正反面，讓皮先過熱水，比較不容易破。
　　● 透過快速汆燙讓肉質瞬間緊實，肉汁也能鎖在裡面。

2 將青蔥切大段、薑切片，備用。

3 取一支湯鍋，加入仿土雞、青蔥段、薑片與所有**調味料**。接著再上蓋，以大火
　　滾開後，馬上改最小火煮約 15 分鐘，再關火燜 30 分鐘，撈起放涼或冰鎮冷卻。
　　TIPS 冰鎮也是幫助肉質變緊實的方法。

4 把沾醬 1 中的青蔥、辣椒切片，蒜頭、薑切碎，再與其餘的調味料一起放入鍋
　　中略炒一下即可，當作沾醬。

5 把沾醬 2 的九層塔切細絲，與醬油膏、客家桔醬一起攪拌均勻，當作沾醬。

6 待仿土雞放涼後切塊。食用時再搭配蔥油醬、客家桔醬即可。
　　TIPS 放涼後的仿土雞，用骨刀剁可以切得更漂亮。

煙燻櫻桃鴨 〔舒肥〕〔煙燻〕

　　除了比較傳統的中式菜色，很多大廚菜也隨著時代在變，融入了很多國外的料理型態，才能不斷提升餐桌上的質感。例如這道煙燻櫻桃鴨胸，從食材到烹調技法，都是台灣比較後期才有的。像我們現在很常聽到的宜蘭櫻桃鴨，其實最初是中國的品種，後來經過英國的櫻桃谷牧場改良才變得有名。以前台灣只能仰賴進口，所幸近年來養育成功，現在才可以簡單買到肥美又鮮嫩的櫻桃鴨胸。

　　這道料理中也使用了法式的「舒肥」和「煙燻」技巧。以長時間的低溫慢慢加熱到肉的中心點滅菌，讓鴨肉在六十五到七十度的水溫中自然熟成，保有完整的原汁，再以核桃木、茶葉煙燻出濃郁的香氣和焦糖色澤，用來當成開胃菜或主菜都很適合。

櫻桃鴨煙燻

材料（3-4 人份）

櫻桃生鴨胸 1 片
小黃瓜 1 條

醃料

鹽巴 少許
黑胡椒 少許
橄欖油 1 大匙

煙燻材料

核桃木屑 150g
茶葉（綠茶）5g
黑糖 100g
中筋麵粉 30g

作法

1 先將櫻桃鴨胸修邊，切除多餘油脂。（圖 A）

2 將櫻桃鴨胸加入**醃料**醃漬約 1 小時之後，裝入耐熱夾鏈袋裡面，再**放入 65 度水溫裡煮約 45 分鐘**。（圖 B、C）

TIPS
- 餐廳通常都是用舒肥機，但家裡沒有也沒關係，只要準備溫度計測量好溫度後，維持在最小火加熱就可以了。
- 因為鴨胸有厚薄度的差異，可以適時調整時間。

3 接著取一個炒鍋，先鋪一張鋁箔紙再放入**煙燻材料**，然後擺上蒸架，將櫻桃鴨胸放在上面。（圖 D、E）

4 蓋上鍋蓋，以中小火煙燻 7 分鐘，再關火燜 10 分鐘即可。（圖 F、G）

5 最後將櫻桃鴨胸切片、小黃瓜切絲，一起擺盤即完成。（圖 H）

A

B

C

D

E

F

G

H

紹興醉雞

〔蒸〕〔漬〕

　　醉雞是江浙經典菜餚，家家戶戶在過年時節幾乎都會有這道菜。雞肉的 Q 彈口感，以及冰鎮後自然形成的薄薄雞凍，咬下後滿嘴都是酒香。記得，一定要用紹興酒，酒香氣才會濃郁。製作過程不難，但需要耐心等至少一至二天才能入味。雞腿排看自己喜歡的肉質，選擇仿土雞、土雞、白肉雞都可以，買去骨的雞肉，在肉質厚的地方劃刀，整塊雞肉才能均勻入味；除此之外，用鋁箔紙捲肉的時候要捲得緊實一點，這樣蒸出來的形狀才會更漂亮。

材料（3-4 人份）

去骨仿雞腿 2 片
青蔥 5 根（切段）
鹽巴 少許

醃泡材料

紹興酒 500cc
枸杞 1 大匙
紅棗 12 顆
川芎 2 片
當歸 1 片
蔘鬚 2 束

裝飾

大番茄 1 顆
小黃瓜 1/2 條

作法

1 首先將去骨雞腿排攤開，**較厚的部分劃刀切開**（圖 A）。
TIPS
劃刀讓肉的厚度變得比較平均。除了幫助入味得更快外，捲的時候
也會比較好捲，形狀更漂亮。

2 表面抹上少許鹽巴，醃漬 30 分鐘讓表面有味道，中間夾入蔥
段，用鋁箔紙包一層將雞腿綁緊（圖 B、C、D），總共包兩捲。

3 再將處理好的雞腿捲放入蒸籠或是電鍋裡面，底部放一個盤
子接溢出來的湯汁，以中火蒸煮約 20 分鐘，再關火燜 15 分
鐘即可。

4 雞腿捲蒸好後打開，先**將鋁箔紙內的高湯倒出保留**，並將雞
腿放入冰水中，快速冰鎮一下，備用。（圖 E）
TIPS
透過冰鎮可以增加肉質的 Q 彈度。

5 取剛煮好的蒸雞腿高湯 200cc 與所有**醃泡材料**一起加入鍋中，
以大火煮開，再放涼備用。（圖 F）
TIPS
喜歡酒味濃的人，可以省略煮的步驟，將全部材料混合即可拿來浸
泡雞腿。

6 把冰鎮好的雞腿放入放涼的藥膳高湯中，浸泡冷藏約 24 小
時，取出後切片（圖 G、H）。將裝飾用的番茄、小黃瓜切片，
一起擺盤即可。
TIPS
● 醉雞浸泡 1 天後就是最佳賞味期。冷藏可保存 1 週，冷凍可保存
　3 個月。
● 剩下的湯汁可以拿去燒雞，加入去骨雞腿肉煮一煮就很好吃。

A

B

C

D

E

F

G

H

滷牛腱 (滷)

早期台灣農民不吃牛，所以牛肉料理大多是出現在廣東菜、眷村料理上。對當時的人來說，餐桌上出現牛腱是「富有」的象徵，通常是在喜慶節日、過年圍爐時才會端上桌，讓作東的主人很有面子。不要看牛腱生的時候很大一粒，燉煮久了體積就會縮小，其實沒有很多，建議大家一次滷多粒一點比較方便。此書配方最多適合滷三粒，如果要滷更多牛腱量，依照食譜再以倍數增加即可，滷煮時間皆相同。

材料（3-4 人份）

牛腱 1 個
（約 550-600g）
黃豆 150g
（泡水 2 小時）
洋蔥 1/3 顆
蒜頭 3 粒
紅蔥頭 2 粒
薑 15g
青蔥 2 根
辣椒 1 條

調味料

牛肉滷包 1 包
辣豆瓣醬 2 大匙
鹽巴 1 大匙
冰糖 3 大匙
醬油 100cc
紹興酒 70cc
月桂葉 2 片
水 2000cc

裝飾物

香菜 3 根

≡ 備料重點 ≡

● 牛肉滷包可以在買肉的時候跟市場的牛肉攤販索取，通常都會有，或是請中藥行幫忙抓。滷包中主要有八角、丁香、黃耆、草果、月桂葉等中藥材，拿來滷牛腱、牛肚、牛肋條等都合適。

● 黃豆要事先泡冷水至少 2 小時，才會比較快煮軟。

作法

1 將牛腱洗乾淨後擦乾，備用。

2 將泡好的黃豆洗淨、濾乾水分，備用。

3 洋蔥切大塊；蒜頭、紅蔥頭拍扁；薑切片；青蔥切長段；辣椒切段。

4 將牛腱放入鍋中，加入 1 大匙油（材料分量外）煎上色後，先將牛腱取出，接著加入作法 3 的所有材料爆香後，加入豆瓣醬略炒，再加入牛腱與水以外的**調味料**略燒一下。

> **TIPS**
> 牛腱表面先煎上色，可以把肉汁鎖在裡面，煮的時候也比較不會散掉。

5 接著再加入水、黃豆,以中火燉煮約1小時。快好時可以先將牛腱取出來,放涼備用。

6 最後把放涼的牛腱切成片狀,底部鋪上黃豆,擺盤,再放上香菜裝飾。

TIPS
牛腱務必要放涼後再切片,這樣肉汁才不會流出來,變得乾柴、變形。

滷腱牛

肴肉凍 ㊟

肴肉凍是來自江蘇鎮江的一道名菜,已經有
三百多年的歷史,在很多淮揚或江浙餐廳裡都
看得到,傳說是當年八仙過海之一的「張果老」
很喜歡的味道。外表光滑晶瑩的肴肉凍,又稱為「水
晶肴肉」,水晶凍的部分吃起來軟Q,肉質細緻扎實,一
口咬下有雙重口感,再搭配清爽的鎮江紅醋就是完美組合。

這道功夫菜拆解開來其實不難做,卻非常耗費時間。所以我在這裡教的是
改良過的簡易版,利用吉利丁來幫助凝固,也可以降低油脂含量,是比較適
合家裡做的版本,先以小火慢慢把豬腳的膠質燉煮出來,再將肉跟湯分開處
理、塑形後冷藏一個晚上定型就可以了。正統的作法還會加入硝酸鹽讓肉質
呈現粉紅色,但現在考量到健康因素,大多會省略這個步驟。

肴肉凍

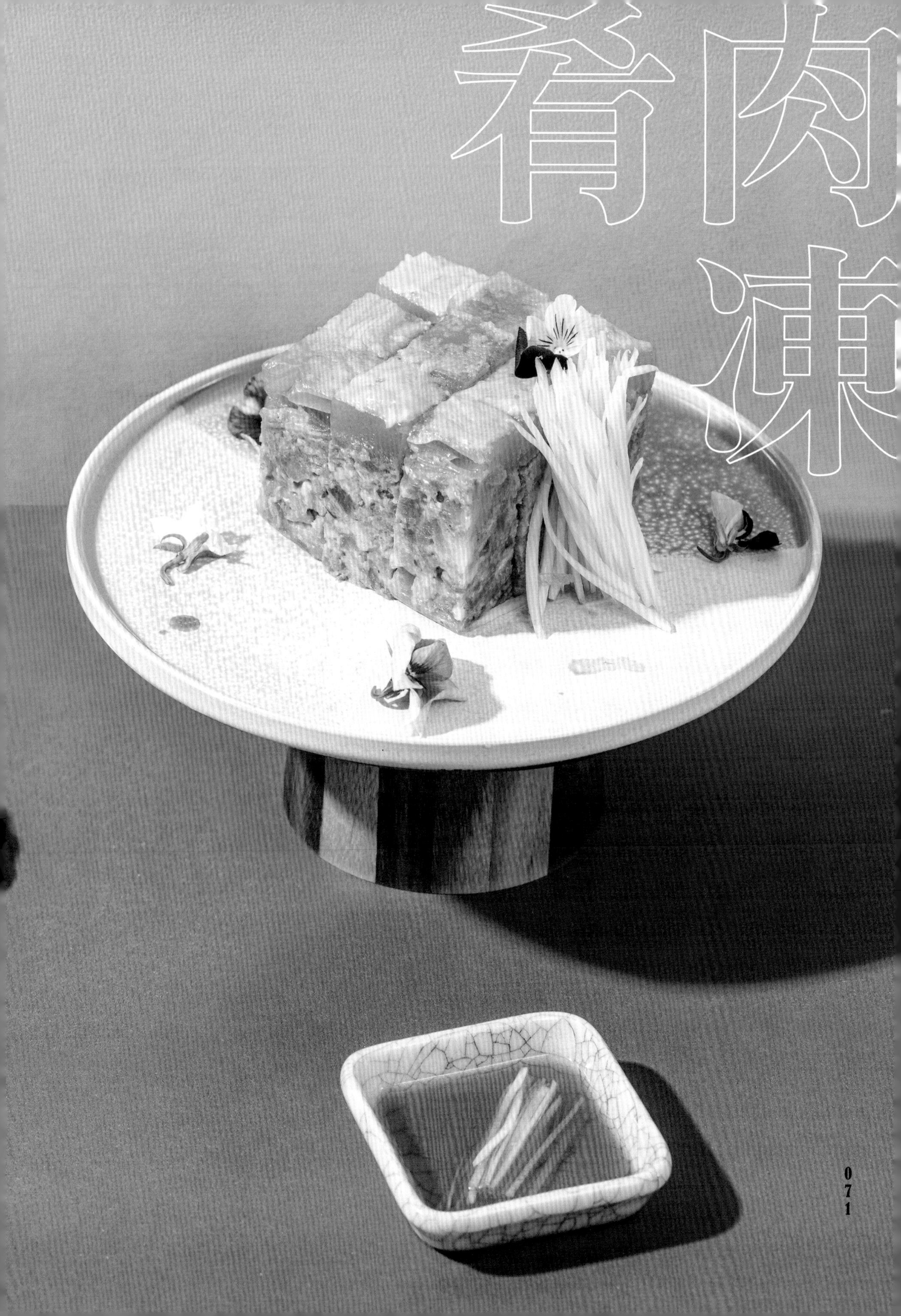

材料 (3-4 人份)

豬腳 1 隻（全腳）
梅花肉 300g
青蔥 3 根
洋蔥 1 顆
薑 30g

調味料 1

水 3500cc
米酒 1 大匙
鹽巴 適量
白胡椒 適量
月桂葉 2 片

調味料 2

吉利丁片 10 片
鹽巴 1 小匙
白胡椒 1 小匙
香油 1 小匙
米酒 1 大匙

沾醬

嫩薑絲 50g
鎮江醋 100cc
砂糖 1 大匙

工具

磅蛋糕模具一條

≡ 備料重點 ≡

自己剁豬腳很困難，建議直接
請攤商剁好，剁大塊即可。

作法

1 將豬腳與梅花肉一起放入滾水中汆燙（圖 A），水滾後過水洗淨、拔毛備用。

TIPS
汆燙後檢查一下，如果豬皮上有毛要拔乾淨。

2 將青蔥切段，洋蔥切塊，薑切片備用。

3 取一支湯鍋，加入豬腳、梅花肉與**調味料 1** 的所有材料，水要將所有食材蓋過約 10 公分高（圖 B）。以大火滾開後，再轉小火煮約 2 小時，煮到骨肉分離的軟嫩程度。

TIPS
● 豬腳一定要花時間久煮，才能煮出濃郁膠質。也可以再加入雞爪或豬皮，讓膠質更豐厚。
● 這個步驟也可以改用電鍋燉煮，一樣煮到膠質釋放出來即可。

4 煮好的豬腳高湯濾起來，並將豬腳肉的部分以及梅花肉切碎（圖 C）。

5 在模具中鋪一層保鮮膜，放入切碎的肉（圖 D），於桌面上敲一敲，使表面變平坦。

6 豬腳高湯取 600cc 放涼後，將吉利丁使用冷水泡軟，加入高湯裡面（圖 E），再加入**調味料 2** 的其餘材料，攪拌均勻後，倒入作法 5 的模具內（圖 F、G）。

TIPS
這裡是使用吉利丁達到凝固的作用，正統是用大量的豬皮熬湯，煮出非常多的膠質後，湯放涼就會自然凝固，但要自己在家裡製作比較困難。

7 放入冰箱冷藏 1 晚，確定定型即可切片。（圖 H）

TIPS
肴肉凍放冰箱冷藏可保存 5 天。

8 把沾醬中的鎮江醋與砂糖拌勻，並加入嫩薑絲，搭配肴肉凍一起食用。

A

B

C

D

E

F

G

H

梅子
小番茄

梅子小番茄

汆漬

梅子小番茄是一道比較小品的菜色，卻是很多星級飯店頭盤上的常客。除了甜中帶酸的滋味很開胃，紅通通的顏色搭配其他頭盤料理一起上桌，也是既喜氣又顯目，對於要同時考量到料理豐盛度、口味變化、色系搭配的廚師來說很好運用。這道菜的重點就是小番茄要先撕掉外皮再醃漬才會入味，去除蒂頭、在表面輕輕劃刀後，用滾水汆燙十到十五秒後泡冰水，就可以輕鬆把外皮撕下來了。

材料（3-4 人份）

小番茄 500g

調味料

甘草 5 片
話梅 6 顆
梅粉 2 大匙
砂糖 3 大匙
檸檬汁 少許
冷開水 600cc

作法

1 在小番茄的尾端劃十字刀，然後放入滾水中，汆燙約 10 秒撈起，再泡冰水去皮備用。（圖 A、B、C、D）

2 將**調味料**的材料一起加入鍋中，煮約 10 分鐘，煮出味道即可，放涼。

3 將去皮的小番茄放入煮好的湯中，約浸泡 1 天即可享用。

TIPS
放冰箱冷藏後風味最佳，可保存 1 個月左右。

A　B　C　D

花好月圓

　　喜宴上都會有的花好月圓，通常是在頭盤後的第二道菜，有祝賀新人圓圓滿滿、甜甜蜜蜜的意思。我們客家人的喜事也吃湯圓，但通常是在家裡吃，一大早起來就開始搓湯圓、麻糬，讓來家裡觀禮的客人先吃個半飽再到婚宴會場，大概吃三到五道菜後就會開始發塑膠袋，讓大家可以把後面的料理打包帶走，這也是台灣很有趣的「打包文化」。

　　除了喜宴外，我們在過年、端午、中秋這種逢年過節的時候也很常吃湯圓。手工搓的湯圓特別 Q 彈，剛炸好時膨膨的，遇冷後就會收縮，跟市售的不一樣。湯圓如果是冷藏的要先退冰再炸，炸之前表面拍一點薄糯米粉，記得一定要冷油下鍋，避免高溫油爆。

材料（3-4人份）

糯米粉 300g
滾水 160cc
冷水 85cc
紅麴粉 3g

調味料

調糖花生粉 200g
葡萄乾 30g

作法

1 將糯米粉放入大容器中，加入 160cc 滾水快速攪拌均勻，接著再加入 85cc 冷水揉成三光，把麵團分成二等分。

TIPS
三光是指麵團光滑、攪拌盆光滑、手也乾淨。一開始麵團會比較黏，持續一直揉後就會變得柔軟又有彈性。

2 取其中一份麵團加入紅麴粉，搓揉成均勻的紅色。

3 兩種麵團分別搓長條後切小塊，再搓揉成小湯圓狀（一顆約 7g）。全部完成後，撒上糯米粉（材料分量外）備用。（圖A、B、C）

TIPS
糯米粉可避免麵團互相沾黏。

4 準備 100 度的油鍋，將小湯圓放入油鍋中，再使用中火繼續加熱，在炸的過程中使用撈網轉動小湯圓，讓小湯圓不要沾鍋，等待上色、表面變粗糙後，即可撈起瀝油。再撒上花生粉與葡萄乾即完成。（圖 D）

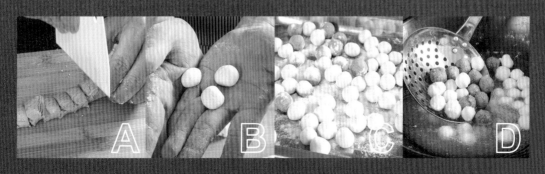

第 貳 章

chapter 2

主
jhu

菜
cai

蔗香滷油雞

（滷）（燜）

　　油雞是傳統廣東菜色，以前會加玫瑰露酒所以叫「玫瑰油雞」，但後來玫瑰露酒不好取得，幾乎都改用紹興或花雕酒了。我在做這道菜的時候，會同時加冰糖和甘蔗一起燉滷，冰糖可以讓顏色漂亮，甘蔗則是甜味來源，讓甘蔗的香氣和甜度慢慢滲透到雞肉裡面，滷好後就有微微的煙燻蔗糖香。滷的時候加入雞胗、雞腳一起滷也好吃，因為每隻雞的大小不同，熟的時間不一樣，最好全程使用小火加熱再燜熟，才能保持肉質鮮嫩多汁。

材料（3-4 人份）

土雞 1 隻（約 2 斤）

滷汁材料

紅甘蔗 2 節
青蔥 3 根
薑 30g
藥材 1 包
冰糖 180g
醬油 600cc
紹興酒 50cc
水 1200cc

皮料

紹興酒 150cc
香油 2 大匙
蜂蜜 50cc

裝飾物

巴西里 少許
食用花 少許

≡ 備料重點 ≡

- 土雞與仿土雞或肉雞相比，除了較為高貴，滷出來的肉質也較為 Q 彈，因此建議選用土雞製作。
- 在家裡製作不想用全雞，也可以改成 2 隻大雞腿，其他材料減到 1/5 的量。
- 藥材包的內容物包含：八角 6 克、草果 8 克、丁香 6 克、陳皮 5 克、沙薑 10 克、甘草 7 克、桂皮 7 克、月桂葉 3 片，建議到中藥行零買，用布包包起來即可，不要買一大包，放久容易長蟲變質。

作法

1 先將全雞洗淨，放入滾水中汆燙 2 分鐘，再撈起洗淨備用。（圖 A）

2 將甘蔗縱向剖開（圖 B），青蔥切大段，薑切片備用。

3 取一個湯鍋，以中火先爆香薑與蔥，再加入甘蔗與冰糖，待糖稍微融解後（圖 C、D），加入醬油、紹興酒、水、藥材包，**加蓋以中小火煮約 30 分鐘，略煮至稠狀即可。**（圖 E）

TIPS
滷物好吃的訣竅，就是先煮滷汁，讓材料的味道充分釋放出來再放肉，這樣就不會肉好了還沒入味，或是入味了但肉已經柴掉。

4 接著在大湯鍋底部放一片竹網墊防沾黏，將汆燙好的雞放入湯鍋中，加入作法 3 的滷汁（圖 F），以小火煮 10 分鐘後關火，不開蓋燜 30 分鐘。

5 取出油雞，滷汁不要丟掉。將**皮料**的材料拌勻，再用刷子均勻塗抹於燜煮好的油雞表面（圖 G），**用風扇快速吹涼約 1 小時。**

TIPS
吹涼可以讓雞肉的皮變得緊實，並去除餘熱，避免肉質繼續熟成變得太柴。

6 將滷汁再次煮開後關火，放入吹涼的油雞，蓋鍋蓋燜 20 分鐘。

TIPS
這個步驟的雞肉不要再加熱，以燜的方式讓味道慢慢滲透就好。雞肉燜兩次後會更入味。

7 取出油雞後，再塗一次皮料，再次吹乾即可。（圖 H）

8 切塊後盛盤，取巴西里、食用花做裝飾。

全雞的切法

不論是剁雞或剁鴨，最好都是放涼了再切，比較不會皮肉分離。
用銳利的骨刀剁，盡量每一刀都快速俐落，從關節處下刀，才會剁得漂亮。

1 先切下雞頭、雞脖子、雞腳、雞屁股。然後對半切開。

2 從關節處劃開，切下兩邊的雞翅。

3 再把雞腿與雞胸分開。

4 把雞胸、雞腿切成塊狀，雞翅從關節切成兩半，完成。

A

B

C

D

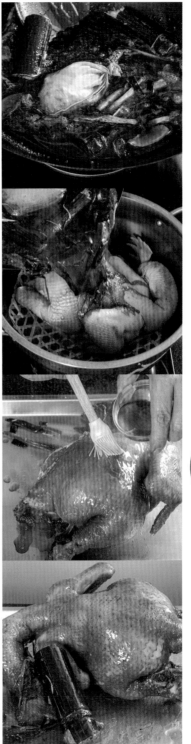

E

F

G

H

椒鹽燒雞 〔燒〕〔炸〕

燒雞是利用風乾去除表皮的水分，慢慢把醬汁燒到入味後，再放入油鍋炸到定型、酥脆。在很多派系的菜中都有類似的作法，例如台灣知名的「道口燒雞」。烹調的關鍵除了確實風乾，掌握油炸的火侯也很重要，如果油溫太高，很容易外面焦了裡面還沒熟。在家裡製作可以改用大雞腿或者去骨雞腿，在肉厚的地方劃刀，可以讓料理更快熟成。

椒鹽燒雞

材料（3-4 人份）	醃料	醬汁	沾粉
仿土雞 1 隻 （約 3.5 斤） 小黃瓜 1 條 大番茄 1 顆	蒜泥 30g 蒜粉 15g 鹽巴 30g 白胡椒 15g 五香粉 3g 香油 30cc	鎮江紅醋 60cc 麥芽糖 225g 紹興酒 75cc 甘草 4 片 水 150cc	椒鹽粉 30g

≡ 備料重點 ≡

- 如果家裡人少，可以改用 1 斤左右比較小的雞，或是大雞腿 2 隻，其他材料減少到約 1/5 的量。
- 椒鹽粉除了購買市售品，也可以依照自己喜好調配。提供我自己喜歡的比例給大家參考。鹽：胡椒粉：糖：五香粉 = 1：1/2：1/3：少許。

作法

1 在雞的肚子切一刀，翻面後，**用雙手重壓，讓骨頭斷開**（圖 A、B），接著**放入滾水中**汆燙 3 分鐘，撈起備用（圖 C）。

TIPS
- 全雞先壓斷骨頭，盛盤時才攤得平。
- 汆燙可以去除油垢，還能讓外皮緊實、毛細孔收縮，口感更多汁。
- 汆燙時一定要「滾水放入」，利用高溫快速鎖住水分，如果從冷水開始煮，反而會讓肉汁流失。

2 將**醃料**材料拌勻後，均勻塗抹在雞的全身，再**準備 S 型掛勾，穿過脖子位置，把雞吊起來風乾 2-3 小時**。（圖 D、E）

TIPS
- 雞肉含水量高，吊起來風乾一段時間去除水分，才能做出理想的脆皮。
- 天氣乾爽舒適時，直接懸掛在室外即可，若天氣太熱就放室內，用電扇吹。

3 接著，將**醬汁**放入鍋中煮到稠狀後，把風乾後的雞放入鍋中，以小火慢慢燒上色，過程中一邊翻動一邊淋醬，直到收汁，再吊乾吹風 2 小時左右。（圖 F、G）

4 準備熱油鍋，將風乾的雞先以 90 度油溫炸熟，再改用 170-180 度油溫炸酥。（圖 H）

TIPS
- 因為雞肉中間仍是生的，如果一開始就用高溫炸容易油爆，或是外皮焦了裡面還沒熟。因此先以低溫炸熟後再改大火搶酥即可。
- 如果雞太大不好翻面，可以改用淋油的方式，把熱油持續澆淋在雞上。
- 不想要起油鍋的話，也可以改用烤箱烘烤。以上火 230 度／下火 250 度，烤約 30 分鐘，再使用筷子戳看看肉熟了沒。烘烤過程中若表皮略顯燒焦，可以使用鋁箔紙蓋在燒焦處，這樣表皮才會漂亮，但皮就比較不會那麼脆。

5 最後把雞肉剁塊後盛盤，搭配小黃瓜片、番茄片、椒鹽粉即完成。

TIPS
雞肉要放涼再切，避免皮肉分離。

A

B

C

D

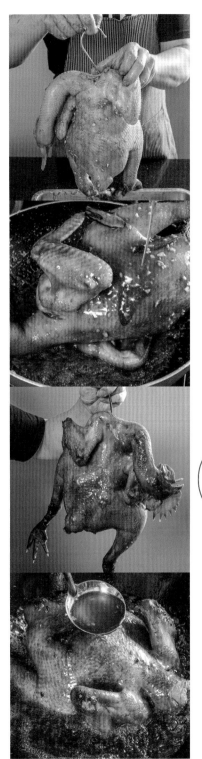

E

F

G

H

椒麻香酥鴨

(醃)(蒸)(炸)

這道鹹香帶麻的大廚菜工序繁瑣，經過醃、蒸、炸，約莫需要一到二天的時間才能完成，但絕對是值得等待的好滋味，也是清朝乾隆皇帝時期流傳下來的一道歷史名菜。在家裡做的時候，盡量買小一點的鴨子，鍋子才放得下去。人少的話也可以改買鴨腿代替全鴨，製作上會簡化許多。

材料（3-4 人份）

全鴨 1 隻
（約 2.5-3 斤）

醃料

大紅袍花椒 30g
乾辣椒 15g
蒜泥 20g
鹽巴 60g
白胡椒 15g

蒸料

青蔥 4 根
薑 30g
蒜頭 5 粒
辣椒 1 條
大紅袍花椒 30g

炸粉

中筋麵粉 100g
太白粉 50g
冷開水 150cc

裝飾物

香菜葉 5 根

沾粉

椒鹽粉 30g

☰ 備料重點 ☰

- 若要做小分量，可改成 2 隻鴨腿，其他材料減少到 1/5 的用量。
- 鴨肉的選擇很重要，建議選肉質較軟的菜鴨，小隻一點的比較好處理。

作法

1 先將**醃料**放入鍋中，以乾鍋小火炒香，再放入調理機裡面打碎備用。

2 鴨子洗淨，表面用乾布或紙巾擦乾，**用手將鴨骨先用力壓斷後**，用醃料裡外塗抹，冷藏醃漬 12 小時，再取出洗淨、晾乾備用。

TIPS
先將鴨骨壓斷，在炸跟切時比較好操作，擺盤也比較好看。如果鴨肉太大隻，建議對切壓骨，做出來成品才會漂亮。

3 將青蔥切大段、薑切片、辣椒切大段、大紅袍用刀拍過。再將所有**蒸料**塞入鴨肚，放入蒸鍋中，以中小火蒸約 1 小時，取出放涼備用。

TIPS
蒸後的鴨油不要丟掉，拿來炒菜、拌麵都非常美味。當作一般油來使用即可，放冰箱冷藏可保存 3 個月左右。

4 將**炸粉**拌勻成麵糊，再將鴨肚裡的蒸料取出，外表均勻塗抹上炸粉。

TIPS
也可以不調麵糊，直接拍麵粉就好。麵糊炸起來酥脆好吃，但難度較高，容易油爆，需要一點技巧。

5 準備一鍋約 170 度的熱油鍋，把鴨放入油鍋中炸成上色、酥脆即可。

TIPS
不想要開油鍋的話，也可以改用烤箱，但酥脆度會比較低。

6 最後把鴨肉剁塊後盛盤，搭配香菜葉、椒鹽粉即完成。

麻酥香鴨

第貳章　主菜

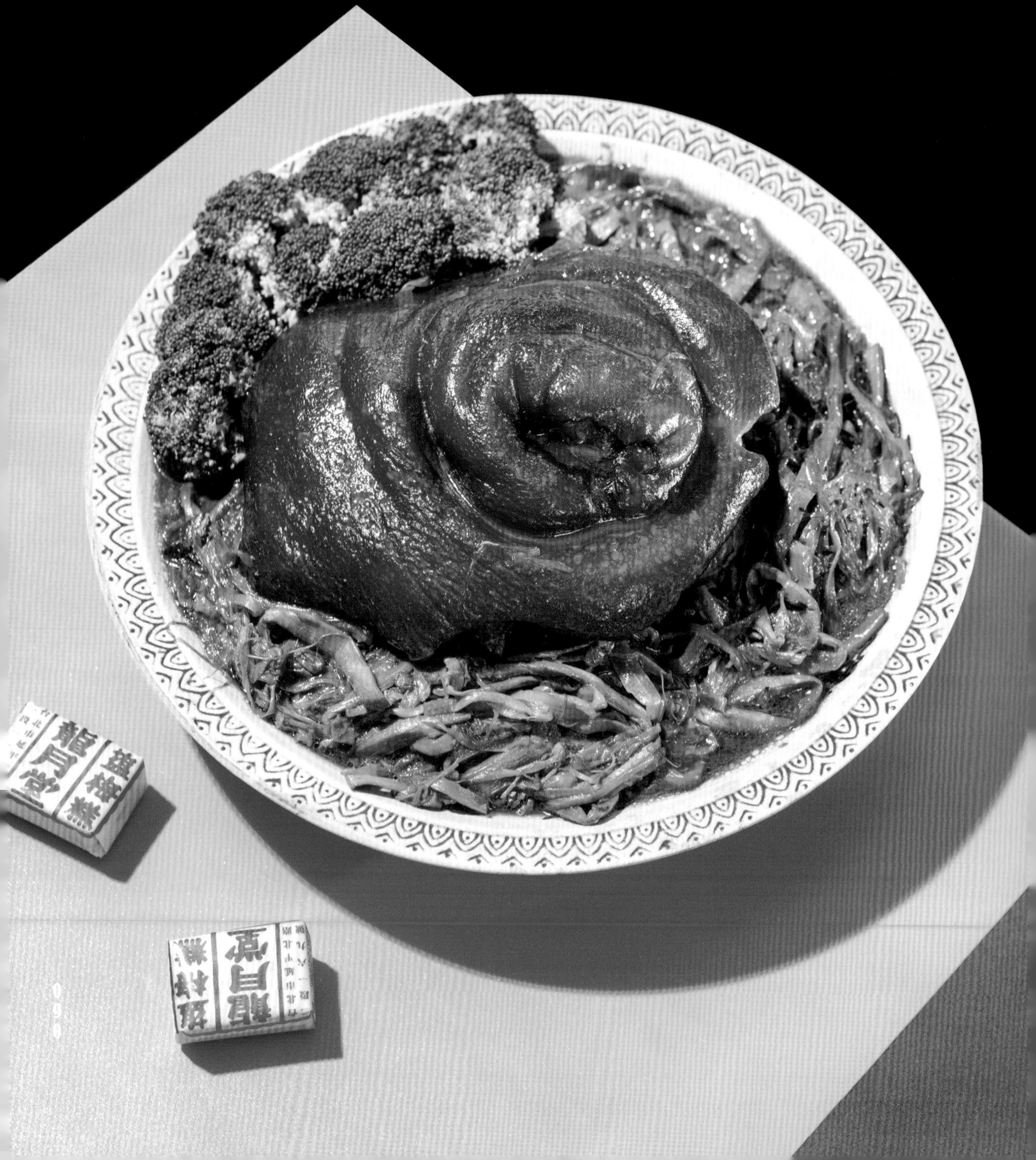

筍絲滷蹄膀

(滷)

　　筍絲滷蹄膀源自於台灣客家料理。蹄膀團狀的外形有「團圓」、「一團和氣」的意思，後蹄膀閩南語俗稱「腿庫」，諧音和「財庫」很像，從各方面來說都有祝福的含意。滷蹄膀不難，但想要做出上色、有光澤感，肉質軟嫩不鬆垮，還能維持完好外形的蹄膀，卻需要一點真功夫。筍絲的處理也很重要，很多市售的筍絲帶有苦酸味，必須確實做好前製清洗才行。

材料（3-4 人份）

蹄膀 1 顆（約 3-3.5 斤）
筍絲 600g
青蔥 5 根
薑 1 小段
洋蔥 1 顆
綠花椰菜 1 棵

醃料

醬油 1 大匙
砂糖 1 小匙
香油 1 小匙

調味料

冰糖 60g
醬油 120cc
辣豆瓣醬 15g
紹興酒 50cc
滷包 1 包
水 3000cc

作法

1 先將蹄膀洗淨，放入滾水中煮約 10 分鐘後，撈起泡冰水（圖 A、B），再均勻塗抹**醃料**醃漬約 30 分鐘。（圖 C）

TIPS
煮好後泡冰水，利用收縮讓肉質更緊實，煮好後不會散開，表面也能鎖住肉汁，保留肉的滋味。

2 將醃漬過後的蹄膀放入約 180 度油鍋中（油量蓋過肉的高度），炸到每一面略上色，撈起備用。（圖 D）

3 將筍絲洗淨再泡冷水約 **30 分鐘去除酸味，煮一鍋水滾開後加入筍絲汆燙約 20 分鐘，再撈起洗淨濾水備用。**

TIPS
市面上很容易買到泡過藥水的筍絲，買回家浸泡後仔細清洗 3 遍，再用熱水煮過去除藥味。

4 把洋蔥切絲、薑切片、青蔥切小段，備用。

5 取一個炒鍋加入適量油後，**放薑片、青蔥、洋蔥先爆香**（圖 E），加入筍絲後，依序放入**調味料**拌炒均勻。（圖 F）

TIPS
薑、蔥、洋蔥爆香到略帶焦色，香氣才會出來。

6 取一個大湯鍋，**底部放一片竹網墊**（圖 G）以防沾鍋，加入作法 5 的材料以及炸好的蹄膀（圖 H），使用中小火燉煮約 90 分鐘。

7 煮到蹄膀變軟之後即可取出盛盤。再將綠花椰菜修成小朵、汆燙後，圍在蹄膀旁邊裝飾即可。

A

B

C

D

E

F

G

H

蔥串燒排骨 (炸) (蒸) (煮)

這道蔥串燒排骨，是以前價位高的套餐裡才會出現的經典名菜。將中腹段的帶骨豬肋排炸定型後蒸熟，小心抽掉中間的骨頭，再塞入長長的蔥白，細細燉煮入味。現在很多餐廳求快，已經不賣這種需要手工的菜色了，但只要試過一次的人就會明白，背後這些工序絕對有值得存在的原因。不妨花一點時間，自己動手做做看吧！在家裡少量製作不像餐廳那麼麻煩，細緻的口味接受度高，賣相也很討喜，很適合用來宴客或當過年的菜色。

蔥串燒排骨

材料（3-4 人份）

豬肋排（腹協排）1.5 斤（可分切成6-8根）
蔥白 3-4 根

醃料

鹽巴 15g　　米酒 30cc
白胡椒 5g　　蒜泥 10g
香油 30cc　　太白粉 15g

醬汁

青蔥 2 根
薑 15g
蒜頭 3 粒
冰糖 30g
醬油 50cc
紹興酒 30cc
水 100cc
太白粉水 適量

裝飾物

小番茄 6 顆
香菜葉 少許

≡ 備料重點 ≡

選購豬肋排時，請特別叮嚀豬肉攤商，要選三層肉中腹段的帶骨肋排，這部位的肉質軟嫩，比較容易成功。可以先請攤販分切成一根一根。

作法

1 豬肋排沿著骨頭切開後（圖 A），**先用鹽巴、白胡椒、香油、米酒、蒜泥均勻塗抹，再抹上太白粉**醃漬 1 小時。（圖 B）

TIPS
抓醃時，太白粉最後再加，讓豬肉先充分吸收其他液態調味料，再用粉將醃料封在肉裡。

2 把醃好的豬肋排**放入 170 度油炸鍋中炸上色。**（圖 C）

TIPS
先油炸定型，之後抽骨頭塞蔥時肉比較不會散掉。

3 再將炸好的豬肋排放入電鍋中，蒸約 50 分鐘蒸軟。

4 放涼後，用刀子戳進骨頭跟肉的交界處輕輕劃一圈（骨頭兩端都要），讓骨頭與肉分離，再輕輕抽出中間的骨頭，小心不要將皮膜拔破。（圖 D、E）

5 將蔥白切成與豬肋排一樣長度，塞入豬肋排裡面，備用。（圖 F）

6 將**醬汁**材料中的青蔥切小段、薑與蒜頭切片，一起放入鍋中爆香，再加入冰糖、醬油、紹興酒、水，以中火燒開，再加入串好的豬肋排（圖 G）。最後淋上太白粉水勾薄芡，煮到收汁即可。（圖 H）

7 盛盤時，將番茄切片當裝飾，並擺上香菜葉點綴。

A

B

C

D

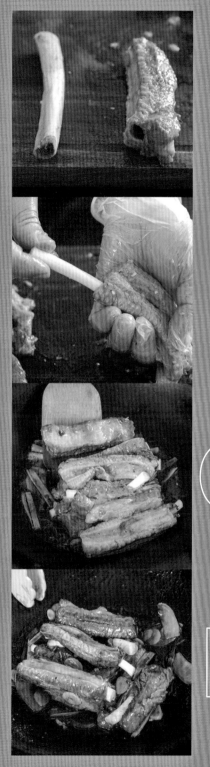

E

F

G

H

紅燒獅子頭 炸 燴

　　獅子頭最遠可以追溯到隋朝，是一道歷史悠久的名菜，也是家家戶戶都會做的家常料理。揚州的「大劗肉」或北方的「大肉丸子」，都是在指這種大顆的肉球。揚州獅子頭主要是清燉，在魯菜系中則是紅燒當道，其中又以四顆肉球組成的「四喜丸子」最出名，帶有福、祿、壽、喜的吉祥寓意。製作獅子頭時，用菜刀將絞肉剁得更碎一點可以增加自然的膠質，再加水和少許的荸薺、香菇等蔬菜，吃起來爽口保水又有口感。

材料（3-4 人份）

大白菜 1 顆
紅蘿蔔 50g
木耳 3 片
乾香菇 3 朵（泡發）
蝦米 1 大匙（泡發）
扁魚 3 片

絞肉餡（約 8-10 顆）

豬絞肉 500g
荸薺 4 顆
香菜 1 根
蒜頭 2 粒
辣椒 1/3 條

調味料 1

醬油 1 大匙　　鹽巴 少許
香油 1 小匙　　白胡椒 少許
太白粉 1 小匙　蔥薑水 120cc
蛋白 1 顆

調味料 2

醬油膏 2 大匙
醬油 1 大匙
砂糖 1 小匙
香油 1 小匙
高湯 800cc

≡ **備料重點** ≡

蔥薑水可去肉腥，並增加濕潤度，在中式料理中經常用到。準備薑
片 6 片、青蔥段 2 根（拿平常用剩的頭尾端就可以了）、蒜頭 1 粒、
冷水 200cc，稍微用刀子拍一拍，把全部材料加在一起捏一捏後擰
出汁即可。（圖 A、B）

作法

1 將扁魚乾煎後略切碎，大白菜切成塊狀後洗淨，紅蘿蔔、
木耳切絲，香菇泡發後切絲，蝦米泡水，備用。

2 將豬絞肉、荸薺、香菜、蒜頭、辣椒都切成碎狀，備用。

3 取一個容器加入作法 2 與蔥薑水以外的**調味料 1**，用手掌
拌勻後，分次加入蔥薑水揉到吸收後（圖 C），再把肉摔
到出筋黏稠，揉成略比雞蛋大的球狀。
TIPS
調味料中的蔥薑水分次少量加入，讓絞肉一點一點吸收水分。

4 將肉球放入約 180 度油溫中，炸成金黃色，再撈起濾油備
用。（圖 D）

5 取一支炒鍋加入 1 大匙沙拉油（材料分量外），再加入作
法 1 的所有材料一起以中火爆香，然後加入**調味料 2** 與炸
上色的肉球（圖 E），中火燉煮約 25 分鐘即完成。（圖 F）

A

B

C

D

E

F

淋油蔥紅燒

蔥油淋紅條

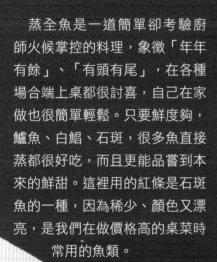

蒸全魚是一道簡單卻考驗廚師火候掌控的料理，象徵「年年有餘」、「有頭有尾」，在各種場合端上桌都很討喜，自己在家做也很簡單輕鬆。只要鮮度夠，鱸魚、白鯧、石斑，很多魚直接蒸都很好吃，而且更能品嘗到本來的鮮甜。這裡用的紅條是石斑魚的一種，因為稀少、顏色又漂亮，是我們在做價格高的桌菜時常用的魚類。

材料（3-4人份）	調味料	淋油
紅條 1 尾	醬油 1 大匙	香油 80cc
青蔥 2 根	砂糖 1 小匙	
嫩薑 20g	香油 1 小匙	
辣椒 1 條	米酒 1 大匙	
香菜 3 根	白胡椒粉 少許	

作法

1 在魚的表面劃菱形格紋刀，洗淨備用。

2 將青蔥、辣椒、嫩薑切成細絲狀，與香菜一起泡水備用。

3 在蒸盤上抹薄薄一層沙拉油或放上幾根蔥段（材料分量外），把處理好的魚放入蒸盤中。（圖 A）

TIPS
在盤底抹油或擺蔥，可以避免魚蒸熟後黏皮在盤上，蒸出漂亮的外型。

4 將拌勻的**調味料**淋到魚上，再放入蒸鍋裡，以大火蒸約 10 分鐘，再關火燜 2 分鐘即可。

TIPS
● 蒸的時候務必大火上蓋，讓魚快速熟成，肉質才不會變老。
● 魚蒸熟後魚鰭立起來，表示夠新鮮，而且蒸的時間剛好。此外，魚眼突出也是新鮮的證明。

5 最後將切好的蔥、辣椒、薑絲放到蒸好的魚上面，再**淋上高溫燒燙的香油**，最後擺上香菜即可。

TIPS
將香油燒到 180-190 度後直接沖在蔥絲上，可以瞬間逼出蔥等辛香料的香氣，並增加油潤感。

椒子海斑捲

樹子海斑捲

蒸

　相較於蒸整條的魚，海斑捲算是比較費工的菜，一般在高級餐廳裡才看得到。剛開始是為了減少每個人用筷子夾魚，魚肉被挖得不美觀、衛生的問題，所以才衍生出這道變化版的蒸魚料理，可以一人份一人份食用，既好看，吃的時候也方便很多。因為需要仰賴廚師的手工，通常價格偏高，所以選用的魚也會以較高價的石斑魚、紅條、龍虎斑居多。盡量選擇瘦長的魚種，才可以將魚肉切成長形，比較好捲入蔬菜，蒸之後也不容易開口。

材料（3-4 人份）

龍虎石斑魚 1 尾
（約 800-900g）
澎湖絲瓜 1/2 條

醃料

鹽巴 少許
白胡椒 少許
米酒 1 大匙

調味料

破布子/樹籽 100g（連湯汁）
蠔油 1 大匙
香油 1 小匙
米酒 1 大匙
砂糖 1 大匙

≡ **備料重點** ≡

● 龍虎石斑魚是用龍膽石斑與老虎斑培育出來的新品種石斑魚，擁有龍膽石斑 Q 彈的魚皮及老虎斑的細緻肉質。也可以用紅條或其他石斑魚取代。

● 包在魚片中間的澎湖絲瓜，也可以改用山藥，變成爽脆的口感。

作法

1 石斑魚去鱗去肚、切下魚頭後，用刀子從魚的側邊沿著魚骨劃刀，把整片魚肉片下來。魚背骨保留備用。（圖 A、B、C）

2 將魚肉斜切蝴蝶刀（共切兩刀，第一刀不切斷，第二刀切斷）。（圖 D、E）

3 再將魚片、魚頭和**醃料**拌勻，醃漬 10 分鐘，備用。

4 澎湖絲瓜去皮後，先切成和魚片等長的段狀，再**將外圍綠色的地方先切片再切成粗絲（中間的芯不用）**（圖 F），放入滾水煮約 7 分鐘，備用。

TIPS
這邊只會用到絲瓜外圈，因為中間的芯軟、水分多，吃起來沒有脆口感，出水也會稀釋掉魚肉的味道，可以蒐集起來用在別的料理中。

5 將醃好的魚片攤開，中間放入兩條汆燙好的絲瓜，再慢慢捲起來（圖 G）。鋪排在蒸盤上，擺入魚頭和魚背骨後，再淋入拌勻的**調味料**。（圖 H）

6 將石斑捲放入蒸鍋中，以大火蒸約 10 分鐘即完成。

TIPS
如果魚頭比較大，建議先單獨蒸魚頭約 5 分鐘，再加入魚身一起蒸熟。

A

B

C

D

E

F

G

H

XO醬炒雙鮮 (炒)

廣東菜的「XO 醬」被封為宴席上最高尚的醬料。「XO」是指「Extra Old」，原本是用來代表最高級的酒，裡面有豐富的海產、干貝、扁魚、金勾蝦、金華火腿等，加一點就能大幅提升鮮味和香氣，最適合和海鮮一起炒。XO 醬經過爆炒味道才會充分釋放出來，所以盡可能選用草蝦、明蝦、干貝等等容易熟、不用燜煮的食材，最後勾一點薄芡讓醬汁裹附在食材上，簡簡單單，卻是一道不簡單的美味。

XO醬炒雙鮮

材料（3-4 人份）

大白蝦 6 尾
透抽 1 尾
綠花椰菜 50g
紅甜椒 1/2 顆
洋蔥 1/2 顆
嫩薑 30g
蒜頭 3 粒
辣椒 1 條

調味料

XO 醬 3 大匙
砂糖 1 小匙
香油 1 小匙
米酒 1 大匙
水 5 大匙
鹽巴 少許
白胡椒 少許
太白粉水 少許

≡ 備料重點 ≡

除非是在漁港，或是跟值得信賴的店家購買，不然有時候蝦子買急速冷凍、真空包裝的反而更新鮮，冷凍鮮蝦跟剛撈起的活蝦品質差不多，甚至比有些市場攤販上泡過藥水延長壽命、提高賣相的活蝦來得天然。

作法

1 白蝦去頭去殼去腸泥，只留下尾巴部分的外殼。透抽去除內臟、洗淨後，表面先切花刀（菱形細格紋），再切片（圖 A）。綠花椰菜削掉粗纖維、修成小朵。

TIPS
- 如果喜歡吃蝦頭，也可以改成帶殼煮，把蝦子開背即可。（圖 B）
- 透抽表面切花刀的話，遇熱後會捲成漂亮的形狀。至於透抽的皮要不要去掉就看個人喜好，基本上差異不大。

2 把白蝦、透抽、綠花椰菜放入滾水中汆燙過水備用。（圖 C）

TIPS
白蝦與透抽都只要快速汆燙就好，滾水下鍋，水再次滾後撈起，以免肉質過老。

3 紅甜椒與洋蔥切菱形（圖 D），薑、蒜頭與辣椒切片備用。

4 取一支炒鍋放入 1 大匙沙拉油（材料分量外），加入作法 3 的材料、XO 醬，以中火先爆香。（圖 E）

5 接著加入白蝦、透抽、綠花椰菜，以及太白粉水以外的**調味料**，翻炒均勻後，最後用太白粉水勾薄芡即可。（圖 F）

A

B

C

D

E

F

避

避風塘螃蟹

(炸)(炒)

「避風塘」指的是香港政府設置來讓船隻躲避颱風的港灣。
因為香港河鮮居多，當地漁民時常用船上現有的螃蟹、瀨尿蝦、
戰車蟹等食材，加上獨特的濃郁蒜香，佐以豆鼓、辣椒、蔥、
薑等配料來烹調，成為現在遠近馳名的「避風塘料理」。這道
料理的關鍵在於濃郁蒜香，蒜頭一定要用菜刀仔細切碎，這樣
香氣才會一致，也不要忘記冷油下鍋炸，控制好油溫、抓準起
鍋時機，才不會炸出一鍋苦味。

風塘螃蟹

B
O
X

材料（3-4 人份）

紅蟳 2 隻
（每隻約 8 兩）
薑 30g
辣椒 3 條
青蔥 5 根

蒜酥材料

蒜頭 120g
香油 60cc

醃料

鹽巴 適量
白胡椒 適量
米酒 1 大匙

調味料

豆酥 120g
豆鼓 2 大匙
油蔥酥 30g
白胡椒 2 大匙
鹽巴 少許
香油 1 小匙
米酒 2 大匙

炸粉

中筋麵粉 50g

☰ 備料重點 ☰

秋季螃蟹特別肥美，尤其母蟹又比公蟹更好吃。
建議購買活螃蟹回家自己處理，味道與冷凍或死
掉的差很多。另外，通常淡水蟹寄生蟲比較多，
要特別留意。如果不想處理螃蟹，也可以請市場
攤販協助處理，但回家後要盡快烹調，以免鮮度
快速降低。

螃蟹的處理方法

1 將腹部三角形的蟹臍剝開去除。

2 取剪刀從螃蟹的頭插進去。

3 用手將螃蟹的蟹殼掰開。

4 用剪刀剪除兩側的鰓。

5 接著清除腸、胃、心（中間呈半
透明）、嘴等內臟器官。

6 處理完畢的螃蟹。

113

作法

1 把處理好的螃蟹洗淨,切下蟹腳用刀背拍一拍,身體切成六等分後,加入**醃料**略醃一下備用。(圖 A、B)

2 蒜頭切碎後放入鍋中,加入香油慢慢炸成金黃色,油溫約保持在 140-150 度,過程中不停攪拌,再**將炸好的蒜酥撈起濾油,蒜酥跟蒜油分開備用。**(圖 C、D)

TIPS
炸蒜酥時,蒜頭開始變色就要起鍋,以免餘熱讓蒜頭持續加熱過頭,產生苦味。起鍋後要趕快把高溫的油濾出,並稍微翻一下蒜碎,讓中間的熱氣散出。

3 準備一個 180 度的熱油鍋(沙拉油,材料分量外),**將醃好的螃蟹薄拍一層麵粉後放入過油**,再瀝乾備用。(圖 E、F)

TIPS
● 高溫過油是為了幫助螃蟹定型,鎖住肉汁,蟹膏也比較不會散掉。
● 如果沒有溫度計,可用麵粉測試油鍋的溫度,取一點麵粉甩入油鍋中,如果鍋中的泡泡跑得很快,大概就到 180 度高溫了。

4 薑、辣椒、青蔥切碎備用。

5 取一支炒鍋加入作法 2 的蒜油,以中火先爆香切碎的薑、辣椒,再加入豆酥與豆鼓炒香,然後加入炸好的螃蟹、蒜酥、蔥花以及其餘的**調味料**,一起以大火翻炒均勻即完成。(圖 G、H)

延 伸 食 譜

避風塘草蝦

材料	蒜酥材料	醃料	調味料
草蝦 12 尾	蒜頭 10 粒	鹽巴 適量	豆酥 150g
薑 20g	香油 30cc	白胡椒 適量	白胡椒 1 大匙
辣椒 2 條		米酒 1 大匙	鹽巴 少許
青蔥 4 根			香油 1 小匙

作法

1 將草蝦開背去腸泥,蝦腳修剪乾淨,再加入**醃料**略醃。

2 起鍋放入蒜碎和香油,一邊攪拌一邊加熱到約 150 度炸成金黃,再撈起濾油,蒜酥跟蒜油分開備用。

3 將醃好的草蝦過油,再濾油備用。

4 薑、辣椒、青蔥切碎備用。

5 取一支炒鍋加入少許蒜油和薑、辣椒、青蔥,中火先爆香,再加入草蝦、蒜酥 50g 以及所有**調味料**,大火翻炒均勻即可。

A

B

C

D

E

F

G

H

粉絲蒸螃蟹 〔蒸〕

　　粉絲蒸螃蟹通常是餐桌上的重頭戲，光看到螃蟹上桌心情就滿足了一半，再慢慢品嚐新鮮飽滿的蟹肉和吸滿鮮味的粉絲，肯定是個飽足。我在做這道菜的時候喜歡用紋路漂亮的花蟹，處理的時候小心不要敲斷花蟹脆弱的腳，保留完整的漂亮形狀。

材料（3～4 人份）

花蟹 2 隻（每隻約 6 兩）
綠豆寬粉條 2 束

醬汁材料

蒜頭 70g	蠔油 1 大匙
嫩薑 20g	蒸魚醬油 2 大匙
辣椒 1 條	砂糖 1 大匙
芹菜 3 根	高湯 500cc
洋蔥 1/3 顆	米酒 1 大匙
乾辣椒 3g	香油 1 小匙

裝飾物

香菜葉 3 根

≡ 備料重點 ≡

清蒸的螃蟹不像避風塘屬於重口味，一點點腥味都會很明顯，建議買活的自己處理，才能吃到新鮮的美味。

作法

1 將花蟹的鰓、心臟與嘴巴等去除乾淨後，身體切成大塊狀，蟹螯用刀背拍一拍，備用。（螃蟹處理方式詳見第 113 頁）

TIPS
花蟹腳比較脆弱，處理的時候放在砧板上蓋一塊抹布，用菜刀的刀面輕拍到有龜裂聲音即可，不要敲斷或敲碎，不然就可惜了牠漂亮的樣子。

2 綠豆寬粉條泡溫水 10 分鐘至軟備用。

3 將醬汁材料中的蒜頭、薑、辣椒切碎，芹菜切珠，洋蔥切絲，乾辣椒略切碎，放入鍋中稍微爆香後，加入其餘調味料拌勻備用。

粉絲蒸螃蟹

4 取一個蒸盤，底部放入寬粉條，先淋
入一半的醬汁，放上切好的螃蟹，再
淋入剩餘醬汁。

5 放入蒸鍋裡面，以大火蒸約 10 分鐘
即可。最後再放上香菜葉裝飾。

第貳章　主菜

蒜泥蒸龍蝦

買到新鮮龍蝦的時候,不要考慮了,就清蒸吧!這時候的
肉質和鮮甜度都是巔峰,簡單調味就很好吃。龍蝦也是我們
在餐宴中很愛用的食材,味道非常好,整隻端上來大氣有面
子,傳統上也有「飛黃騰達」的象徵。龍蝦料理最重要的就
是鮮度,有活龍蝦最好,味道最甜。處理的時候幫龍蝦放血,
可以讓肉質變得更緊實 Q 彈,如果不會放血也沒關係,記
得切開後要仔細洗滌乾淨,這樣完成的味道和顏色才會清澈
好看,多一個小小的步驟,結果就差很多。

蒸龍蝦

材料（3-4 人份）	調味料		裝飾物
龍蝦 1 尾	蠔油 1 大匙	白胡椒 適量	香菜葉 3 根
嫩豆腐 1 盒	香油 1 小匙	砂糖 1 小匙	
蒜頭 35g	米酒 1 大匙		
嫩薑 30g	高湯 150cc		
青蔥 1 根	鹽巴 適量		

作法

1 先將龍蝦放血後，整隻對切但尾巴不要切斷，取掉腸泥後略沖洗一下，備用。(龍蝦放血方法詳見第 48 頁)(圖 A、B、C)

2 將嫩豆腐切大片，蒜頭、嫩薑都切碎，青蔥切蔥花，備用。

3 取一個炒鍋，加入蒜碎與薑碎，以中火爆香，再加入所有**調味料**拌勻。

4 取一個長盤，底下鋪嫩豆腐片，再放上剖開的龍蝦，淋入作法 3 的蒜蓉醬汁，放入蒸鍋中以大火蒸約 10 分鐘，最後撒上蔥花、香菜葉即可。(圖 D、E、F)

延 伸 食 譜

蒜蓉蒸大蝦

材料		調味料		裝飾物
大草蝦 6 尾	嫩薑 10g	蠔油 1 小匙	鹽巴 適量	香菜葉 3 根
嫩豆腐 1 盒	青蔥 1 根	香油 1 小匙	白胡椒 適量	
蒜頭 50g		米酒 1 大匙	砂糖 1 小匙	
		高湯 150cc		

作法

1 草蝦開背去腸泥，對切不要切斷，沖洗備用。

2 將嫩豆腐切片，蒜頭、嫩薑切碎，青蔥切蔥花，備用。

3 取一個炒鍋，加入蒜碎與薑碎，以中火略爆香，再加入所有**調味料**攪拌均勻即可。

4 取一個長盤，底下鋪嫩豆腐，再排上草蝦，淋入製作好的蒜蓉醬汁，放入蒸鍋中以大火蒸約 7 分鐘後，撒上蔥花、香菜葉即可。

A
B
C

D
E
F

鮮蝦如意捲

（煎）（蒸）

　　這道是從前在壽宴、年菜或宴客上很受歡迎、歷史悠久的名菜。用蛋皮將蝦仁餡捲起，再切成片片的如意造型。這道菜代表「吉祥如意」的祝福，以前的人重視「象徵意義」，所以像這種大廚菜不能只有味道好，在食材的選用、外形上也都會有它的意義，才能讓賓客在餐桌上透過料理感受到主人和廚師傳達的心意。

　　現在這種講究手工的精緻菜越來越少見，只有知道門路、特別跟餐廳預訂的饕客才吃得到。大家不妨試試看自己做，只要運用一點小小的訣竅增加黏性和蛋皮的韌性，捲起成形的成功率就會高很多，其實並不困難。尤其很適合在過年的時候端出這道菜，非常應景又氣派。

材料（3～4人份）

豬絞肉 180g
蝦仁 50g
蒜頭 2 粒
韭菜 10 根
辣椒 1/2 條
大蘆筍 4 根
大海苔 2 張

調味料

米酒 1 大匙
鹽巴 少許
白胡椒 少許
香油 1 大匙
水 適量

醬汁

高湯 100cc
香油 少許
鹽巴 少許
太白粉 適量
水 適量

蛋皮

雞蛋 5 顆
鹽巴 少許
中筋麵粉 30g
水 30cc

裝飾物

大番茄 1 顆

作法

1 **蝦仁剁成蝦漿**，蒜頭、韭菜、辣椒切碎後，和豬絞肉一起放入容器中，加入所有**調味料**拌勻，**略摔一下**即可。（圖 A）

TIPS
蝦漿一定要剁成泥狀，而且要剁到出現膠質的程度，黏度才會夠。摔的動作也可以讓蝦仁肉餡變扎實，煎的時候不容易散開。

2 蘆筍去皮後，汆燙至熟，撈起冰鎮一下，濾乾水分備用。

3 將雞蛋敲入碗中，加入鹽巴，麵粉調水和開後也加入碗裡，全部一起攪拌均勻再過篩。

TIPS
● 麵粉可以增加蛋皮的韌性，如果沒加麵粉，捲的時候蛋皮容易破。
● 過篩後煎出來的蛋皮更平滑細緻。過篩時拿湯匙放在篩網下方刮一刮，蛋液就可以很順暢流下去（圖 B）。

4 在平底鍋上抹少許沙拉油（材料分量外），將一半的蛋液倒入鍋中，稍微轉動鍋子讓蛋液均勻分布，以中小火煎至雙面上色。共煎兩片蛋皮，放涼備用。（圖 C）

TIPS
因為其中一面會包在裡面，如果不好翻面，蓋上鍋蓋燜熟即可。

5 將煎好的蛋皮鋪在桌上，撒少許太白粉（材料分量外）、放上一片海苔，再撒一點太白粉後，將一半的蝦仁肉餡平鋪在海苔上，蘆筍各放一根在海苔兩端，接著將蛋皮從兩端往內捲起，用耐熱保鮮膜包起來後，頭尾捲緊。總共做出兩捲。（圖 D、E、F、G）

TIPS
撒太白粉是為了增加黏稠度，不用撒太多。

6 將如意捲放入蒸鍋中，以中火蒸約 15 分鐘，取出放涼後切片。（圖 H）

7 將**醬汁**的材料放入鍋中加熱成芡汁，回淋到如意捲上，再放切片的番茄裝飾即可。

生菜蝦鬆 （炸）（炒）

生菜蝦鬆源自湘菜，和粵菜中的「鴿鬆」很雷同（但鴿鬆是炒肉），是許多餐廳中都會出現、老少咸宜的人氣菜色。將醃漬過的蝦仁炒得清爽滑口，再加上炸餛飩皮或老油條增加脆度，用爽脆新鮮的生菜葉包起來，每一口都豐富多層次。

材料（3～4人份）

蝦仁 350g
油條 2 條
美生菜 1/2 顆
芹菜 3 根
荸薺 5 顆
蒜頭 3 粒
薑 1 小段
青蔥 2 根
辣椒 1 條

醃料

香油 1 小匙
米酒 1 大匙
蛋白 1 顆
太白粉 1 大匙
鹽巴 少許
白胡椒 少許

調味料

辣豆瓣醬 1 小匙
白胡椒 少許
香油 1 大匙
太白粉水 2 大匙

☰ 備料重點 ☰

● 材料中的油條是一般市售只炸過一次的嫩油條，如果買的是炸過兩次的老油條，就可以省略油炸步驟（作法 2）。
● 除了油條，也可以換成洋芋片、可樂果、泡麵等有酥脆口感的食材。

作法

1 將**蝦仁切成小丁狀**，用**醃料**拌勻，醃漬約 10 分鐘後，放入熱油鍋中快速過油、撈起備用。
TIPS 蝦仁不要用調理機絞碎，用菜刀切才能保留顆粒的塊狀口感。

2 將油條切小塊，放入 170 度油鍋中炸至酥脆後，撈起濾油備用。
TIPS 也可以切小塊後放烤箱烤酥，但油炸的酥脆度更好。

3 將去除葉子的芹菜、去皮的荸薺、蒜頭、薑、青蔥、辣椒都切碎備用。

4 用剪刀將美生菜剪成碗狀般的圓片後，**放入冰水中冰鎮一下，再濾乾水分**備用。（圖 A）
TIPS
● 生菜葉泡冰水才有爽脆感，撈起後用餐巾紙吸乾水分，才不會影響口感。
● 整株的美生菜，只要蒂頭朝下用力撞一下桌面，葉子就會整個打開成一片一片，不用切。剪下來的葉子可以拿去炒飯（最後下鍋）或是做成生菜沙拉。

5 在炒鍋中加入 1 大匙沙拉油（材料分量外）後，加入荸薺、蒜頭、薑、辣椒、辣豆瓣，以中火爆香，然後加入蝦仁丁炒香，再加入芹菜與青蔥、白胡椒、香油翻炒均勻，最後加入白粉水略勾薄芡即可。（圖 B）

6 碎油條在起鍋前加入拌勻，或是另外盛盤一起上桌都可以。食用時，再取適量蝦鬆、碎油條放在生菜葉上一起吃。

鮮蝦粉絲煲 (炒)

鮮蝦粉絲煲是港式煲菜的延伸,香港人多用河粉,台灣則偏愛綠豆寬粉條的口感,也有一派人喜歡細冬粉,但要掌握烹調時間避免軟爛。這道菜的關鍵在於蝦味和粉絲的結合,將蝦子過油炸酥脆,或是取蝦頭、蝦殼煉蝦油後一起燜煮,都能讓粉絲裹附上濃濃的鮮蝦味,作法很單純,卻有很深厚的滋味。

材料(3～4人份)

草蝦 6 尾
冬粉 2 束
豬絞肉 100g
洋蔥 1/3 顆
青蔥 1 根
蒜頭 3 粒
辣椒 1/2 條

調味料

蠔油 1 大匙
砂糖 1 小匙
香油 1 小匙
辣豆瓣醬 1 大匙
鹽巴 少許
白胡椒 少許
水 550cc
太白粉水 少許

醃料

米酒 1 大匙　　白胡椒 少許
鹽巴 少許　　太白粉 1 大匙

作法

1. 先將草蝦剪鬚、開背、去腸泥,放入**醃料**拌勻後醃漬 10 分鐘備用。

2. 準備 180 度熱油鍋,放入醃好的草蝦炸上色,撈起濾油備用。

3. 將冬粉泡冷水約 30 分鐘後再撈起濾水備用。

4. 洋蔥切絲,青蔥切小段,蒜頭、辣椒都切碎,備用。

5. 取一支炒鍋,將豬絞肉與作法 4 的材料以中小火炒至熟化,再加入太白粉水以外的**調味料**一起炒香,接著加入處理好的冬粉,以中小火煮一下。

6. 冬粉煮軟後,加入炸好的草蝦,以中火續煮約 5 分鐘。

7. 最後滾開後,再加入太白粉水略勾薄欠即完成。盛入預熱好的小砂鍋裡面保溫即可上桌。

鮮蝦粉絲煲

白灼大白蝦 ㊉拌

「灼」是用滾水燙熟生食的粵菜技法，講求的是味鮮、肉嫩。白灼蝦以前是酒家配酒的菜色，用簡單的調味突顯鮮度，更能表現出餐廳的食材品質。

白灼蝦搭配五味醬、芥末醬、蒜蓉醬都好吃，因為作法簡單，也是平易近人的料理。汆燙蝦子時水一定要滾開，可以在水裡加入米酒、薑或青蔥去腥，回滾後快速撈起，與調味料拌勻，如此一來就可以得到鮮嫩、入味的蝦肉。

材料（3～4人份）

大白蝦 6 尾
嫩薑 20g
青蔥 2 根

調味料

米酒 2 大匙
香油 1 大匙
鹽巴 少許
白胡椒 少許

≡ 備料重點 ≡

蝦子用大草蝦或大白蝦都可以。草蝦口感緊實、體型大，以前我們宴客很常用，但後來養殖數量稀少，價格上就比較高。相較之下，白蝦吃起來嫩又帶有脆口感，價格也親民，現在家庭或餐廳都很常見。圖片中，上方為草蝦，下方為白蝦。

作法

1 先將白蝦剪鬚、修腳、去腸泥後，洗淨備用。

2 切幾片薑和青蔥段，其餘嫩薑、青蔥切絲備用。

3 煮一鍋放入薑片和蔥段的滾水（圖 A），將白蝦放入，待水滾後撈起。

TIPS
汆燙時間要依照食材量調整。最好的方式就是滾水時下鍋，等水再次滾沸撈起，就不會太老或不夠熟。

4 取一個容器，加入所有**調味料**與薑絲、蔥絲攪拌均勻，再加入汆燙好的白蝦一起拌勻，即可盛盤。

A

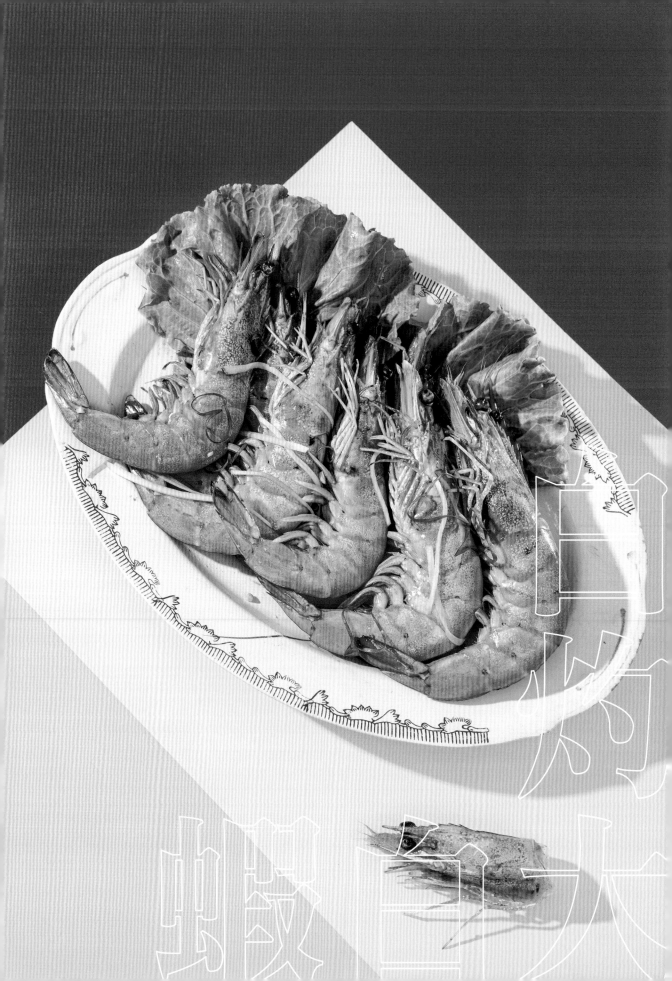

白灼蝦自大

蠔油燴海參 （燴）

材料（3～4人份）

海參 200g
紅蘿蔔 30g
嫩薑 20g
荷蘭豆 15 莢
銀杏 20 顆
冬菇 2 朵

裝飾物

綠花椰菜 1 棵

調味料

蠔油 2 大匙
醬油 1 小匙
砂糖 1 大匙
高湯 500cc
鹽巴 適量
白胡椒 適量
香油 1 小匙
米酒 1 大匙
鎮江紅醋 1 小匙
太白粉水 適量

我們常說四大海味，鮑、參、翅、肚，海參就是其中之一，高蛋白、低膽固醇、充滿膠原蛋白，沒有負擔的脆口感，使其成為很多老饕的摯愛。這道蠔油燴海參在廣東宴客菜裡很普及，看似簡單，卻藏有很多細節：包括使用的海參等級也有很大的差異。

海參的種類很多，且價格不一。例如日本刺參、豬婆參就是非常貴的食材，不容易取得，作法各有所不同，口感也有些差異。不過，各種類之間的營養成分差距不大，建議大家使用在市場方便買到的海參、烏參即可。海參烹調的關鍵在於味道要清透，所以一定先剖開仔細去掉內臟，徹底清洗乾淨，不可以切得太小片，也不要烹煮過度，才能享有鮮甜飽滿又脆口的滋味。

作法

1 將紅蘿蔔、嫩薑切小菱形片（先切菱形塊再切薄片），荷蘭豆斜切片，冬菇泡軟後切片，備用。

2 將海參對半切開後，用湯匙去除中間的內臟（圖 A），洗淨後斜切大塊狀（圖 B），再放入滾水中略微氽燙，備用。（圖 C）

TIPS
海參稍微燙過，一來可去除腥味，二來先加熱過，熱炒時比較快熟。

3 取一個炒鍋，先加入薑與紅蘿蔔爆香後，加入太白粉水以外的**調味料**，再加入海參一起煨煮。

4 期間加入銀杏、冬菇一起煨軟，然後加入太白粉水勾薄芡，最後放入荷蘭豆拌一下即可。

5 另把綠花椰菜去粗梗、削成小朵，燙熟並略微調味後，擺在盤沿，中間再放入炒好的海參即可。

蠔油燴海參

A　B　C

chapter 3

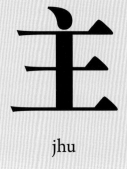

jhu

shih

鰻

飯

鰻魚油飯 〔炒〕〔蒸〕

　　圓籠蒸油飯是跟著我走遍逢年過節、喜慶宴客，大餐廳和流水席的老朋友了，各種大小場合派它出場都是滿堂彩。蒸油飯上的配料多元，紅蟳、櫻花蝦、鰻魚各有所好。以宴客來說，大家喜歡看起來氣派的紅蟳，但價格高又有季節性，相較之下我自己更喜歡蒲燒鰻魚。台灣的鰻魚品質優良，肉質細緻，味道高雅，蒲燒後搭配油飯非常對味。

　　蒸油飯還有一個最講究的重點，就是米飯的口感，一定要帶有 Q 勁。長糯米是蒸油飯的首選，如果不想要太有嚼勁，可以將三分之一的米量換成圓糯米，結合兩種糯米的特質，做出來的油飯會更有黏性，又能保有 Q 度。

材料 (3-4 人份)

長糯米 600g(浸泡 2 小時)
蒲燒鰻魚 450g
豬肉絲 200g
紅蔥頭 8 粒
蒜頭 3 粒
乾香菇 8 朵(泡軟)
乾荷葉 1 張(浸泡半小時)

醃料

醬油 1 小匙
香油 1 小匙
鹽巴 少許
白胡椒 少許
太白粉 1 小匙

調味料

麻油 2 大匙
醬油 3 大匙
油蔥醬 2 大匙
砂糖 1 小匙
白胡椒 1 小匙
水 600cc

裝飾物

熟白芝麻 1 小匙

≡ 備料重點 ≡

蒲燒鰻的作法繁雜,建議直接購買市售品就好。用罐頭也可以,或是買真空包的蒲燒鰻,好吃又輕鬆。

作法

1 糯米洗淨,於冷水中浸泡約 2 小時,濾乾備用。

2 糯米加 1 大匙醬油(材料分量外)拌勻。於蒸鍋底部鋪上濾布,放入糯米(圖 A),大火蒸約 30-40 分鐘至米粒變軟。

3 乾荷葉洗淨,使用冷水泡軟約半小時,濾乾備用。
TIPS
如果想要乾荷葉更快軟化,可改成汆燙約 5 分鐘。

4 豬肉絲裡加入**醃料**中的醬油、香油,再**一邊拌勻一邊分次少量加水**(圖 B),直到肉無法再吸收水分後,加入鹽巴、白胡椒、太白粉抓醃備用。
TIPS
醃肉的訣竅在於「打水」,先讓肉充分吸收水分,醃出來的肉就會軟嫩不柴。

5 將蒲燒鰻魚切成片狀,備用。

6 紅蔥頭去膜,蒜頭切小片,乾香菇用冷水泡軟,切片備用。

7 取一支炒鍋加入 1 大匙沙拉油(材料分量外),加入豬肉絲以中火爆香後,再依序加入紅蔥頭、蒜頭、香菇炒出香氣,然後加入所有**調味料**,以中火煮開。(圖 C、D、E)
TIPS
豬肉絲入鍋後先鋪平煎乾,避免在水分多時立刻炒,容易沾鍋。

8 於鍋中加入作法 2 煮好的糯米,與作法 7 所有炒香的材料快速攪拌均勻。(圖 F)

9 取一個竹蒸籠,底部放入泡軟的荷葉再加入油飯,鋪上切好的蒲燒鰻魚(圖 G、H)。放入蒸鍋中蒸約 8 分鐘即可,最後撒上白芝麻裝飾。

延伸  食譜

櫻花蝦油飯

材料

長糯米 600g　　薑 60g
櫻花蝦 100g　　乾香菇 8 朵
紅蔥頭 10 粒　　乾荷葉 1 張
蒜頭 3 粒

調味料

麻油 1 大匙　　白胡椒 1 小匙
醬油 2 大匙　　米酒 2 大匙
油蔥醬 1 大匙　水 500cc

裝飾物

香菜 3 根

作法

1 長糯米洗淨，泡冷水約 2 小時後濾乾。

2 乾荷葉洗淨，用冷水泡軟後濾乾。

3 將櫻花蝦用乾鍋小火爆香。

4 紅蔥頭去膜，蒜頭、薑切小片，乾香菇泡軟後切片。

5 取一支炒鍋倒入麻油，再加入作法 4 的材料，以中火爆香，再加入其他**調味料**煮開。

6 將泡過的糯米放入鋪好荷葉的蒸籠裡，大火蒸 30 分鐘。

7 將蒸好的糯米馬上拌入作法 5 的麻油湯汁，再放入成品盤，撒上櫻花蝦、香菜裝飾即可。

紅蟳蒸油飯

材料

長糯米 600g
紅蟳 2 隻（每隻約 8 兩重）
豬肉絲 200g
紅蔥頭 10 粒　　蒜頭 3 粒
乾香菇 8 朵　　乾荷葉 1 張

醃料

醬油 1 小匙
香油 1 小匙
鹽巴 少許
白胡椒 少許
太白粉 1 小匙

調味料

麻油 2 大匙
醬油 3 大匙
砂糖 1 小匙
油蔥醬 1 大匙
白胡椒 1 小匙
水 600cc

裝飾物

香菜 3 根

作法

1 長糯米洗淨，泡冷水約 2 小時後濾乾。

2 乾荷葉洗淨，用冷水泡軟後濾乾。

3 豬肉絲加入**醃料**抓醃。

4 紅蟳去鰓、洗淨，再切塊。

5 紅蔥頭去膜，蒜頭切小片，乾香菇泡軟後切片。

6 炒鍋中加入 1 大匙沙拉油（材料分量外），加入豬肉絲，以中火先爆香。再依序加入紅蔥頭、蒜頭、香菇和所有**調味料**，以中火煮開。

7 洗淨的長糯米拌 1 大匙醬油（材料分量外），放入濾布中，再放入蒸籠裡面，以大火蒸約 30-40 分鐘至米粒變軟。

8 將蒸好的長糯米放入大盆裡，再加入炒香的所有材料快速攪拌。

9 接著於竹蒸籠底部鋪泡軟的荷葉，再放入油飯、紅蟳，放入蒸鍋中續蒸 8 分鐘，起鍋前加入香菜葉裝飾即可。

把記憶中念念不忘的料理，
變成傳家的好味道。——

松阪豬麻油飯

材料（3-4 人份）

長糯米 500g（泡 2 小時）
松阪豬 200g
芋頭 1/3 顆
乾香菇 4 朵（泡軟）
老薑 30g
蒜頭 5 粒

醃料

麻油 1 大匙
鹽巴 適量
白胡椒粉 適量
太白粉 1 小匙
米酒 1 大匙

調味料

麻油 2 大匙
米酒 2 大匙
醬油 2 大匙
高湯 500cc

裝飾物

青江菜 適量

作法

1 糯米洗淨後，泡冷水約 2 小時，濾乾備用。

2 松阪豬洗淨，逆紋切小片，再加入醃料抓醃備用。

3 將芋頭去皮、切小丁，乾香菇泡軟後切片，薑與蒜皆切片備用。

4 炒鍋中放入醃好的松阪豬與 1 大匙沙拉油（材料分量外），先以中火略煎。接著加入薑片煏乾煏香，再加入香菇片、芋頭丁、蒜片，以中火爆香。

5 再將泡好的糯米與所有調味料一起加入鍋中。蓋上鍋蓋，以中小火煮約 15 分鐘，看米飯表面沒有湯汁後，再轉小火續煮至米心有透即可。

6 最後將青江菜汆燙，放在煮好的油飯旁邊即完成。

松阪豬麻油飯是蒸油飯的「簡易版」，好做又不費時，在家裡隨時都能做。最重要的松阪豬要逆紋切片，切得越薄越好，炒過後才會脆口。再來就是麻油與薑的香氣一定要足夠，煏香的動作不可馬虎。用瓦斯爐煮飯時要先大火再轉小火，這樣米心才會熟透。如果用的是電子鍋，水量需斟酌減少。

松阪雞

荷葉糯米滑雞飯

炒 蒸

　　我們在籌備喜宴或壽宴時，依照傳統一定都會有一道糯米料理。早期多數以紅蟳油飯、荷葉蒸油飯居多，後來隨著宴席等級慢慢提升，紛紛發展出不同的形式，例如這道荷葉糯米滑雞飯，就是廣東宴上常見的方式。用荷葉一個一個包裹糯米去蒸，吃的時候一人一份，看起來更精緻，米飯也多了一股荷葉的清香。

　　炒糯米時要炒至七到八分熟，再加入醃漬好的雞腿片一起下去蒸，讓米粒與雞肉的熟成一致，米飯才不會過度軟爛。

材料（3-4 人份）

長糯米 200g（泡 2 小時）
去骨雞腿排 1 片
乾荷葉 2 張（泡半小時）
乾香菇 6 朵
臘腸 1 條

醃料

蒜頭 2 粒（切碎）
薑 30g（切碎）
麻油 1 大匙
鹽巴 少許
白胡椒 少許
米酒 1 大匙
太白粉 2 大匙
砂糖 1 小匙
醬油 1 大匙

調味料

麻油 1 大匙
醬油 1 小匙
米酒 1 大匙
高湯 180cc
鹽巴 少許
白胡椒 少許

☰ 備料重點 ☰

● 乾荷葉也屬於一種中藥材，可以去中藥行，或是南北雜貨行購買。
● 雞肉建議選擇仿土雞肉，口感扎實有彈性。

作法

1 去骨雞腿排切成片狀，放入**醃料**中醃漬 30 分鐘。

2 糯米洗淨，泡冷水約 2 小時後，濾乾水分備用。

3 乾香菇用冷水泡軟後切片，臘腸切片，備用。

4 荷葉洗淨、泡冷水約半小時，軟化後剪成扇形狀。

5 不沾鍋裡加 1 大匙麻油後，放入香菇與臘腸，以中火先爆香後，加入糯米拌炒，接著加入其餘**調味料**翻炒均勻，上蓋約煮 10 分鐘至七分熟即可。

6 取煮好的油飯約 130 公克放在荷葉中間，上面再放 1-2 片雞肉，將荷葉寬的那一端往中間折，左右再往中間折，然後捲起來，全部如此處理好。（圖 A、B、C）

7 將包好的荷葉飯接合處朝下放入蒸籠或蒸鍋中，以大火蒸約 20 分鐘即可。

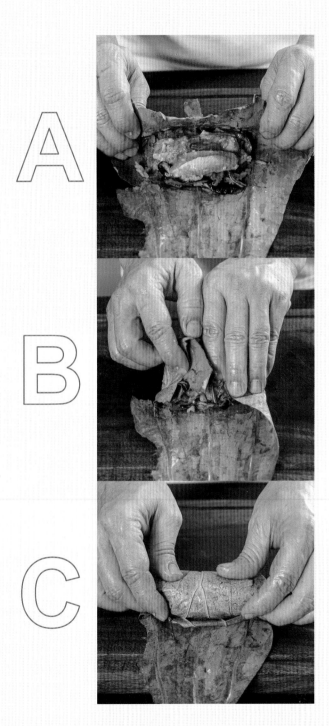

A

B

C

粄條蒸大蝦

蒸

　　主食料理，我們也稱為澱粉類料理，最主要的任務就是讓餐桌上的人「吃飽」。其中的「粄條蒸蝦」是一道讓人再三回味的菜色。蒸的時候將粄條鋪底，然後擺上大蝦一起用大火蒸，粄條本身僅有清爽的米香味，但在蒸的過程中會自然軟化，慢慢吸收蝦的鮮味，變得豐富有層次。如果想要更入味，也可以先將粄條拌入醬油與白胡椒，肯定濃郁。

材料（3-4 人份）

粄條 250g
大白蝦 10 尾
（也可用龍蝦1尾）

醃料

鹽巴 少許
白胡椒 少許
米酒 1 小匙

煉蝦油調味料

香油 2 大匙
葵花籽油 100cc
鹽巴 少許
米酒 1 大匙

醬汁材料

蒜頭 3 粒
辣椒 1 條
嫩薑 20g
青蔥 2 根
蠔油 1 大匙
老抽 1 小匙
砂糖 1 大匙
米酒 1 大匙

作法

1 白蝦先剝開蝦頭，剝去蝦殼至最後一段，再使用菜刀橫剖蝦身到尾巴部分，留一小節不要切斷，之後將腸泥取乾淨。（圖 A、B）

2 將處理好的蝦子用**醃料**拌勻醃漬，備用。

3 **煉蝦油**：炒鍋中倒入香油、葵花籽油，把蝦頭與蝦殼以中火爆香，再加入鹽巴與米酒略煮，即可濾出鍋裡的油。（圖 C、D）

4 將粄條切成適當寬度的條狀，再用手一一剝開，備用。（圖 E）

5 將蒜頭、辣椒、嫩薑都切碎，青蔥切蔥花，放入一個容器裡面，再加入其餘**調味料**與煉好的蝦油150cc 拌勻，當作醬汁。（圖 F）

6 取一個長的蒸盤，底下先鋪上粄條，再排上醃好的蝦，最後淋入醬汁，以大火蒸約 8 分鐘即完成。（圖 G、H）

A

B

C

D

E

F

G

H

金鯧芋頭米粉

（炸）（煮）

　　鯧魚米粉是著名的酒家菜，一鍋裡蝦米、魚鱻、芋頭、高湯、白菜聚集，引出極致鮮味。日治時期，台灣的白領階級下班後很常喝兩杯，再到酒家續攤。在當時，白鯧米粉是尊貴的象徵，大家為了彰顯派頭，往往都會點一鍋搭配烈酒食用。

　　就算到了現在，鯧魚也依然是台灣年節慶典愛用的魚類，有「昌隆」的寓意。其中銀鯧（俗稱白鯧）最為頂級，但數量稀少，價格很高。我自己在做的時候，喜歡用金鯧來取代高價的白鯧，口味上沒有太大差異，一樣鮮美可口。再加上用芋頭泥煮出的湯頭，非常濃稠美味！煮的過程中必須不停攪拌避免沾底燒焦。如果不喜歡濃稠感，就不用將芋頭打泥，煮軟調味即可。

材料（3-4 人份）

米粉 1 包
金鯧魚（小隻）1 尾
芋頭 1/2 條
豬肉絲 150g
乾香菇 5 朵（泡軟）
蝦米 10g（泡軟）
紅蘿蔔 1/3 條
大白菜 1/4 顆
嫩薑 30g
青蒜（蒜白）2 根
芹菜 5 根

魚醃料

米酒 1 大匙
鹽巴 1 小匙
白胡椒 1 小匙

肉醃料

醬油 少許
香油 少許
砂糖 少許
米酒 1 小匙
太白粉 1 小匙

炸紅蔥酥

紅蔥頭 10 粒
葵花籽油 3 大匙
香油 1 大匙

調味料

豬油 50cc
高湯 2700cc
醬油 30cc
紹興酒 50cc
鹽巴 適量
白胡椒 適量

炸粉

地瓜粉 3 大匙

☰ 備料重點 ☰

● 金鯧魚的肉量豐富，皮薄肉緊實，很適合用來煮湯，價格上也便宜許多。

● 炸紅蔥酥的葵花籽油，也可以用玉米油等其他味道淡的植物油取代，避免全部用香油，會味道太重，沒有紅蔥的味道。

作法

1 米粉洗淨，泡冷水 20 分鐘，再濾乾備用。

2 金鯧魚去肚去鰓，分切成 4-5 塊，用**魚醃料**抹勻後醃漬 15 分鐘，表面沾上地瓜粉，放入 170 度油鍋中炸上色，備用。（圖 A、B）

3 芋頭去皮，切成滾刀塊，放入 170 度油鍋中炸上色，備用。（圖 C、D）

4 豬肉絲用**肉醃料**拌勻醃漬約 5 分鐘備用。

5 乾香菇用冷水泡軟切絲，蝦米泡軟切碎，紅蘿蔔切絲，大白菜、嫩薑、蒜白切片，芹菜切小段，紅蔥頭去膜切片備用。

6 **炸紅蔥酥**：取一支炒鍋倒入葵花籽油與香油，加入切好的紅蔥頭片，以中小火炸上色後濾油，把紅蔥酥與紅蔥油分開，備用。（圖 E、F）

TIPS
紅蔥酥要冷油下去炸，才不會爆油。全程油溫控制在 150-160 度左右，不可過高，過程中不斷翻動，等紅蔥頭快變色就立刻撈出。如果炸到變色了才起鍋，餘熱關係會讓紅蔥頭炸過頭而變苦變黑。

7 在炒鍋中倒入 50cc 豬油與 2 大匙紅蔥油，加入醃好的豬肉絲，以中火煎上色後先撈起，再加入香菇、蝦米一起爆香。

8 接著加入芋頭、大白菜、紅蘿蔔、嫩薑，以及高湯、醬油、紹興酒、鹽巴、白胡椒，再把煎過的豬肉絲和鯧魚一起放入鍋裡煮約 20 分鐘。（圖 G）

9 接著**取出約三分之一的芋頭，加一點湯底，用調理機攪打成泥狀後，再倒回湯裡面。**（圖 H）

TIPS
芋頭泥可增加湯底的濃稠度，達到天然勾芡的作用。如果喜歡清澈湯頭的，可以省略這個步驟。

10 最後加入芹菜與蒜白、米粉，再續煮 5 分鐘，起鍋前加入適量紅蔥酥即可。

A

B

C

D

E

F

G

H

金瓜炒米粉

材料（3-4 人份）

米粉 2 片
豬肉絲 150g
南瓜 200g
綠豆芽菜 110g
高麗菜 1/5 顆
紅蘿蔔 1/5 條
韭菜 100g
紅蔥頭 10 粒
蒜頭 3 粒
辣椒 1 條
乾香菇 5 朵
蝦米 1 大匙

醃料

醬油 1 小匙
香油 少許
太白粉 1 小匙

調味料

香油 1 小匙
米酒 1 大匙
白胡椒 少許
醬油 1 大匙
油蔥醬 3 大匙
高湯 300cc

裝飾物

油蔥酥 1 大匙
芹菜珠 少許

從前人家逢年過節、鄉里有節慶，或是鄉下地方喜宴辦桌時，幾乎都會做這道金瓜炒米粉。黃金色的南瓜漂亮吉利，又可以讓賓客吃得飽飽。米粉炒之前先用滾水汆燙一下，再蓋上蓋子燜一會兒，這點非常重要，如果沒有先處理好米粉，後面就會炒不透又入不了味，吃起來乾口、不彈牙。此外，香甜的南瓜絲要記得最後再加，以免煮太久過爛，口感不佳。

作法

1 米粉放入滾水中煮約 1 分鐘，撈起濾水放在大碗裡，上蓋燜約 10 分鐘。

2 豬肉絲用**醃料**拌勻，醃漬 10 分鐘備用。

3 南瓜去皮刨籤，豆芽菜洗淨，高麗菜與紅蘿蔔切絲，韭菜切段，紅蔥頭、蒜頭、辣椒都切片，香菇泡冷水至軟後切片，蝦米泡米酒（材料分量外），備用。

4 取一支炒鍋加入 1 大匙沙拉油（材料分量外），加入醃好的豬肉絲，以中火先爆香，再加入紅蔥頭、蒜頭、香菇、蝦米、辣椒一起炒香，之後加入高麗菜絲、紅蘿蔔絲、韭菜，翻炒均勻。

5 接著加入南瓜絲、汆燙好的米粉、豆芽菜與所有**調味料**，再上蓋略煮至收汁，燜一下即可。

6 起鍋前撒上油蔥酥與芹菜珠即完成。

雙鮮豐盛炒麵 ㊙

「靠山吃山，靠海吃海！」這句諺語在南台灣可說是發揮得淋漓盡致。我們在籌備南部宴席時，海派絕對是最大特色，料理多半以海鮮為主，即使是看似普通的炒麵，也要加入超澎湃的新鮮海味一起炒才夠氣派。這道雙鮮豐盛炒麵就是南部作法，以豬肝和火燒蝦做為主要的海陸配料。炒麵的時候，麵水很重要，不可以加太多，因為蔬菜本身也會出水，保守起見，建議一邊炒一邊看情況添加，麵條要燜才會好吃與入味。

材料（3-4 人份）

油麵 600g
豬肉絲 250g
豬肝 150g
火燒蝦 100g
魚板 30g
高麗菜 1/6 顆
銀芽 120g
（去頭尾的豆芽）
芹菜 2 根
紅蔥頭 5 粒
辣椒 1 條

裝飾

香菜 3 根

醃料

香油 1 小匙
鹽巴 少許
白胡椒 少許
玉米粉 1 大匙

調味料

豬油 2 大匙
沙茶醬 3 大匙
鹽巴 少許
白胡椒 少許
米酒 1 大匙
蠔油 1 小匙
砂糖 1 小匙
高湯 300cc

作法

1 豬肉絲用**醃料**拌勻醃漬後，放入鍋中，加入 1 大匙沙拉油（材料分量外），以大火爆香後取出備用。

TIPS
醃漬肉類時，建議靜置半小時左右，會比較入味。

2 豬肝切成小片狀，放入滾水中汆燙一下取出備用。

TIPS
豬肝如果夠新鮮，買回家後只要沖水洗淨，不用另外處理，如果怕有腥味，可以用牛奶浸泡 30 分鐘。

3 油麵放入滾水中汆燙，取出濾水備用。

4 火燒蝦洗淨，魚板與高麗菜切絲，銀芽洗淨，芹菜切小段，紅蔥頭與辣椒切片，香菜切碎，備用。

5 鍋中加入豬油，再加入紅蔥頭爆香至微上色，接著加入高麗菜、魚板、辣椒一起炒香。

6 之後加入火燒蝦、豬肝、豬肉絲與其餘所有**調味料**，再加入油麵煨煮收汁。最後加入銀芽、芹菜燴炒一下，撒上香菜碎即可。

豬腳長壽麵

　　台灣人都會以豬腳麵線來為長者祝壽，豬腳在廣東叫做「豬手」，與「祝壽」諧音。對老一輩的人來說，生日不一定要吃蛋糕，但必須要有豬腳麵線。因為豬腳有「腳踏實地」的意思，麵線則代表「長命百歲」。還有一個有趣說法是，豬腳滷的顏色較深，表示味道夠味、年紀夠大，顏色較淺則表示年紀越輕。滷豬腳的顏色可以透過炒焦糖來幫助上色，也可以加入生抽顯色。另外切記花生要先泡軟，放電鍋先預蒸半小時再一同加入燉煮，花生跟豬腳才會在差不多時間煮軟。

材料 (3-4 人份)

長壽麵線 2 束
豬腳圈 8 圈 (請攤商剁好)
生花生 200g
青蔥 5 根
老薑 30g
蒜頭 7 粒

調味料

冰糖 100g	草果 2 顆
鹽巴 適量	甘草 5 片
白胡椒 適量	枸杞 2 大匙
紹興酒 100cc	紅棗 10 顆
醬油 200cc	八角 2 顆
水 2600cc	白胡椒粒 1 大匙
當歸 2 片	

醃料

醬油 1 大匙
砂糖 1 大匙
香油 1 大匙

裝飾物

香菜 5 根

作法

1 豬腳放入滾水煮約 5 分鐘，取出洗淨後，放入**醃料**抓醃一下，靜置約 3 分鐘，再放入 180 度油鍋中炸上色，備用。（圖 A、B、C）

2 將花生泡水 5 小時以上，再放入電鍋蒸 30 分鐘後取出，備用。

3 青蔥切大段，老薑切片，蒜頭拍扁，備用。

4 取一個炒鍋，倒入少許沙拉油（材料分量外），**加入冰糖待其上色後**（圖 D），再加入豬腳燴煮一下。

> **TIPS**
> 冰糖下鍋後不用翻動，一邊搖動鍋子就好，避免用鏟子去拌，這樣反而會黏住。

5 接著放入青蔥、老薑、蒜頭一起爆香，再加入其餘所有**調味料**與花生，以中火燉煮約 80 分鐘，關火後續燜 15 分鐘。（圖 E、F、G）

6 把麵線放入滾水中燙熟後，撈起濾水，然後立刻拌入適量香油（材料分量外），避免黏在一起。

7 將滷好的豬腳放在盤子中間，麵線使用筷子捲起來（另一手輔助把麵線捲在筷子上）（圖 H），圍在豬腳周邊，最後以香菜點綴即可。

A

B

C

D

E

F

G

H

紅麴福圓甜米糕

現在已經很少見到這種手工甜米糕了，以前喜宴上都會吃到，作為最後的甜點，主人家也會多做一些，讓賓客可以帶回家沾喜氣。甜米糕吃起來甜在心頭，象徵著新人甜甜蜜蜜的意思，帶有酒香與紅麴香，不會有甜膩感。製作甜米糕的時候，糯米浸泡時間一定要夠久，泡米水裡也要加入紅麴粉增色，蒸出來才有漂亮色澤。另外，蒸好的米一定要趁熱塑形，一旦冷了就無法成形。

材料（3-4人份）

長糯米 150g
圓糯米 150g
桂圓肉 120g
紅麴粉 2g
米酒 150cc
水 130cc

調味料

砂糖 50g
沙拉油 40cc
紅麴粉 3g

≡ 備料重點 ≡

長糯米 Q 彈有勁，適合做米糕或北部油飯；圓糯米黏性較強，適合做粿（蒸過的粄製品）。混合兩種特色的糯米，蒸出的米糕就會 Q 彈不黏牙。

作法

1 先將長糯米與圓糯米洗淨，一起泡入紅麴粉、米酒、水，約 3 小時。

2 接著放入電鍋中，外鍋加 2.5 杯水，蒸約 40 分鐘。

3 將桂圓肉泡軟、切小丁備用。

4 接著取一個容器，加入桂圓肉、砂糖、沙拉油、紅麴粉，全部先攪開來，再把蒸好的糯米飯趁熱倒入，快速攪拌均勻。

5 取一個平底寬口容器，裝入作法 4 的糯米飯，上面鋪上保鮮膜，利用刮板整形，或用擀麵棍壓緊實。放涼後切成菱形狀即可。（圖 A、B、C）

專欄

萬壽無疆長壽桃

以前長輩大壽是家族大事，所有親友都會齊聚起來做壽。在這樣的場合裡，絕對不能少了「壽桃」這個用來祝福長命百歲的代表物。這個習俗傳說是來自戰國時期的孫臏，他讓母親在過壽時吃下一顆師傅鬼谷子給的蟠桃，結果老母親病弱的身體立刻變得年輕有朝氣。後來就演變成在長者祝壽時以麵粉做出紅色或粉紅色桃子型糕點的傳統。

市面上可以買到顏色繽紛的壽桃，但很多是用色素染出來的。我自己做的時候則會用天然的紅麴粉染成自然樸實的紅色，手炒的紅豆泥綿密不過甜，吃起來比較沒有負擔感。

材料

低筋麵粉 200g
酵母 2g
砂糖 15g
沙拉油 5cc
鮮奶 105cc
紅麴粉 1g

紅豆泥材料

紅豆 200g
水 700cc
砂糖 120g
奶油 100g

作法

1 **紅豆泥製作**：紅豆洗淨泡水約 5 小時後，與大約 700cc 水放入電鍋中，蒸約 80 分鐘，再取出濾乾。將蒸好的紅豆放入平底鍋中，加入奶油、砂糖一起煮至稠狀即可。

2 **麵團製作**：低筋麵粉過篩，再加入酵母、砂糖、沙拉油、鮮奶，一起揉到麵團、調理盆、手都不沾麵糊的「三光」狀態。

3 然後將揉好的麵團分成八等分，紅豆泥也分成八等分。

4 將分割好的麵團稍微揉圓後分別壓扁，用擀麵棍擀平後對折，然後再擀開再對折，重複三次相同動作後，擀開包入紅豆泥，一手握住麵皮與紅豆泥，一手抓麵皮朝著中間捏起來，捏成圓形。

TIPS
重複三次擀折動作可以讓麵團有層次感，包餡完成後如果頂端有多餘的麵團須拔除。

5 將包好的麵團放在桌面上，撒上少許手粉（材料分量外），先塑成圓形，在用手捏出尖尖的圓錐頂端後，用刮刀在表面壓一刀，做出桃子形狀，放到烘焙紙上。

6 接著，將紅麴粉放到小篩網上面，一邊輕拍篩網，輕輕地將紅麴粉撒在壽桃麵團的尖頭處。

7 放入蒸籠裡面發酵 10 分鐘，再使用中大火蒸約 8-10 分鐘即完成。

TIPS
想要顏色再深一點，也可以用少許水沾紅麴粉塗到蒸好的壽桃上。

chapter 4

tang

pin

花姑燉全雞

花菇燉全雞

從以前到現在，我們在籌備宴席的時候，下半場幾乎都會有「燉雞湯」登場。

除了「起家」的含意可以討吉利，匯集各種鮮味的雞湯也是很少人能拒絕的難得美味。雞湯裡頭的配料每家不同，其中大花菇是我很喜歡的口味之一。花菇在日治時代的酒家菜中常用到，當時是只能仰賴進口的頂級乾貨，花菇與雞肉融合在一起產生的香氣，大老遠都聞得到。記得乾香菇一定要先用冷水泡軟再放入雞湯裡燉，這樣才會香氣十足。

材料

仿土雞 1 隻（約 1500g）
大花菇 6 朵
金華火腿 5 片
娃娃菜 8 個
薑 30g
蒜頭 5 粒
枸杞 1 大匙

調味料

水 3800cc
鹽巴 少許
白胡椒 少許
米酒 1 大匙
香油 1 小匙

裝飾

紅棗 少許

≡ 備料重點 ≡

- 如果沒有大花菇，用台灣段木香菇取代的品質和香氣也很不錯。
- 也可以將金華火腿換成「竹笙 10 根」，煮成竹笙花菇雞湯。

作法

1 先將全雞洗淨，放入滾水中汆燙約 2-3 分鐘，再取出濾乾備用。

2 **將花菇泡冷水至軟**，金華火腿切片，娃娃菜去蒂頭洗淨，薑切片，蒜頭洗淨，備用。
TIPS
乾香菇泡發時要用冷水，若以熱水泡容易走味。

3 湯鍋中加入全雞、蒜頭、薑片、娃娃菜、花菇、3800cc 的水，以中小火燉煮約 40 分鐘。

4 另將金華火腿放入碗中，加入米酒（材料分量外）蓋過，用電鍋蒸 20 分鐘，備用。
TIPS
金華火腿是純醃漬風乾火腿，口感較硬，先加入米酒淹蓋過蒸軟，味道才會釋放出來。

5 全雞燉煮約 40 分鐘後，將金華火腿、鹽巴、白胡椒加入湯裡面，再續煮約 10 分鐘，起鍋前放入枸杞、紅棗，並滴上香油與米酒即完成。

干貝燉烏雞

「雞」的台語跟「家」相同，吃雞就有「起家」的意思，所以不論是訂婚宴或結婚宴，都必須要有一道全雞湯。傳統家庭或者對養身比較注重的人，還會選擇用烏骨雞來燉雞湯，因為在中醫觀點裡，烏骨雞可滋陰養血益氣，是藥膳食補的好食材。

想要做出清澈的湯頭，全雞必須先用滾水把表皮汆燙紮實，這樣全雞形體才會完整。此外，作為海味來源之一的乾貨干貝，最好事先浸泡米酒 3 小時軟化，才能夠蒸出豐富的味道。

材料

烏骨雞 1 隻（約 1000g）
海參 1 條
乾燥干貝 10 顆
蛤蜊（中）500g
薑 30g
蒜頭 5 粒
枸杞 1 大匙

蒸干貝材料

青蔥 1 根
米酒 2 大匙

調味料

水 1800cc
鹽巴 少許
白胡椒 少許
米酒 1 大匙
香油 1 小匙

作法

1 烏骨雞洗淨，放入滾水中汆燙約 2-3 分鐘，再取出濾水備用。

2 蛤蜊洗淨泡水，完全吐沙後，再濾水備用。

3 海參剖半，清除中間的內臟後清洗乾淨，再切塊；薑切片，青蔥切小段。

4 將乾燥干貝放入碗中，倒入米酒（酒要完全蓋過干貝），並跟蔥放在一起，用電鍋蒸 20 分鐘，備用。

TIPS
干貝不要用熱水滾煮，容易散開，無法維持一顆一顆的形狀。須用蒸的方式讓它軟化。

5 再取一個電鍋內鍋，放入烏骨雞、海參、薑片、蒜頭，加入 1800cc 的水先蒸 30 分鐘。

6 接著將蛤蜊、干貝、枸杞與其他**調味料**加入，再續蒸 10 分鐘即完成。

貝雞燉

干貝胡椒豬肚雞

胡椒豬肚雞是一道很經典的酒家菜。當時台灣錢淹腳目，去酒家的人多半是要吃巧，最好是外面餐廳吃不到的菜色，這道將人人喜歡的雞湯結合豬肚的湯品，就是其中之一。整隻雞塞入豬肚，讓時間慢慢燉煮，豬肚、雞肉、胡椒味道結合為一體，酒客在品嘗的時候有驚喜感，高興了，廚師們就有紅包可以拿。

相傳豬肚雞最早的起源是清朝康熙年間，宮裡面太醫和御膳房為了幫虛弱的妃子補身體而來。因為一隻豬只有一個豬肚，所以在以前人家，只有經濟比較寬裕的家庭才能吃到。製作豬肚雞的過程，一定要注意豬肚清洗乾淨後不可以先汆燙，還有選擇尺寸較小的雞，這樣才塞得進去。

材料

生豬肚 1 個
小土雞 1 隻（約 800g 內）
乾燥干貝 10 顆
生蓮子 150g
老薑 30g
青蔥 2 根
白胡椒粒 50g

調味料

水 2800cc
月桂葉 3 片
黃耆 3 片
枸杞 2 大匙
紅棗 10 顆
鹽巴 1 大匙
米酒 2 大匙
香油 1 小匙

☰ 備料重點 ☰

● 小土雞大約是六個月大的雞，一般大隻的雞會養到十到十二個月左右。這道料理因為要將整隻雞塞到豬肚內，不能買太大隻的。

● 這道湯品的重點味道是胡椒，選用的是白胡椒粒，它的味道辣，且炒過後可以增加香氣。不能使用胡椒粉取代，粉只有香氣沒有辣度，也不適合久燉，要用顆粒的，胡椒香氣才會慢慢釋放。

蒸干貝材料

米酒 2 大匙
薑 2 片
青蔥 1 根

工具

布包
棉繩

作法

1 將豬肚翻開，**用麵粉（材料分量外）徹底洗乾淨**後，剪掉多餘的油（圖 A），備用。

TIPS
● 用麵粉可以輕鬆將豬肚表面的黏液搓洗乾淨，比用啤酒、鹽或醋來得乾淨與快速。
● 豬肚汆燙後會縮起來、失去彈性，雞很難塞進去，因此不能汆燙。塞的時候，可以將豬肚缺口用剪刀剪大一點，比較好操作。

2 小土雞洗淨，放入滾水中汆燙，撈起洗淨備用。（圖 B）

3 把薑切片，青蔥切小段備用。

4 乾燥干貝加入蒸干貝材料（米酒、薑片、蔥段），放入電鍋中蒸約 20 分鐘備用。

5 將白胡椒粒用刀背略拍破，與蔥段、薑片一起爆香（圖 C），讓香氣出來後再裝入布包中。

6 先在全雞裡面塞入炒好的白胡椒粒布包（圖 D），然後取洗淨的豬肚反折套上全雞，將全雞塞入豬肚裡面（圖 E、F），豬肚頭尾兩端再使用棉繩綁緊。（圖 G）

7 把豬肚雞放入電鍋內鍋中，加入 2800cc 的水、月桂葉、黃耆，先蒸約 1 小時。然後打開鍋蓋，加入干貝與蓮子續燉 1-1.5 小時左右到豬肚變軟。

TIPS
燉湯期間可以隨時開蓋將豬肚轉向，以免沾鍋。

8 煮軟後將豬肚用剪刀剪成大片狀（圖 H），再放回湯鍋中，加入枸杞、紅棗、鹽巴繼續煮 20 分鐘，起鍋前淋米酒與香油即可。

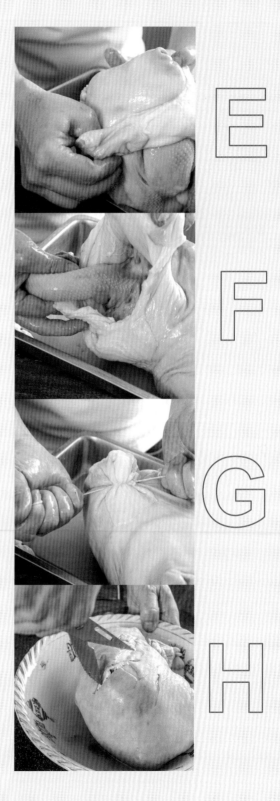

魷魚螺肉蒜

以前台北港商業發達，餐飲業也隨之興盛。那個時候北投一帶酒家林立，許多企業大亨、黑道大哥談生意、喬事情都是在酒家桌上。喝酒當然也要配點下酒菜，這道以當時流行的罐頭食品入菜的魷魚螺肉蒜，就是酒家菜經典的代表之一，幾乎每一桌客人都會點。客人喝得滿意，廚師就會拿到許多小費，這也是酒家文化的奇妙之處。這道湯的關鍵食材是螺肉罐頭，螺肉的大小對味道沒什麼影響，最重要的是螺肉湯汁要一起下去煮，才能讓味道合一。

材料

梅花肉 200g
竹筍 1 根
螺肉罐頭（大顆）1 罐
乾魷魚 1 片（泡發）
乾香菇 8 朵（泡發）
蒜苗 3 根
芹菜 3 根
蒜頭 150g
冬蝦 15g

調味料

高湯 2500cc
米酒 1 大匙
砂糖 1 大匙
醬油 1 大匙
鹽巴 少許
白胡椒 少許

作法

1 將梅花肉切成小條狀，竹筍去皮切片，放入滾水中汆燙過水。
TIPS
豬肉汆燙後可去除雜質，讓湯底較為清澈。竹筍汆燙後則能去除苦澀味。

2 乾魷魚剪小段後泡 80 度熱水 1 小時，乾香菇用冷水泡軟後切厚片。

3 蒜苗洗淨切小片，芹菜洗淨切小段，蒜頭洗淨，備用。

4 取一個炒鍋加入 1 大匙沙拉油（材料分量外），再加入冬蝦、蒜頭、魷魚、香菇、竹筍片、梅花肉一起爆香，再加入所有**調味料**與螺肉罐頭的湯汁一起燉煮約 30 分鐘。

5 接著加入螺肉、蒜苗、芹菜續煮 10 分鐘即完成。

魷魚螺肉蒜

佛跳牆

富貴佛跳牆

(炸)(汆)(蒸)

　　台灣早期的「阿舍菜」與「酒家菜」，一來以食材高檔聞名，二來道道都有驚奇的功夫。以前有錢阿舍家請來的師傅以及酒家的大廚們之中，許多都來自福州，而福州的代表性菜色就是「佛跳牆」。當年的佛跳牆來到台灣之後，逐漸演變成年節或辦桌必備的團圓桌菜。

　　佛跳牆的特色在於集結了山珍海味，所以食材繁多，不過台式佛跳牆的變化性比較大，是將所有食材一起燉煮，再加入台灣盛產的筍與芋頭，用料與價格可奢可儉。頂級的話，加入鮑魚、花菇、海參、鮑魚、蹄筋等一起煮都可以。如果在家做想要簡單一點，也可以選擇自己喜歡的材料就好，但要記得依序處理後，再加入含酒的湯底中，才能料美、湯清澈。

材料

罐頭鮑魚 6 顆
海參 1 條
乾燥干貝 6 顆
乾香菇 10 朵
紅棗 15 顆
小排骨（豬肋排）600g
芋頭 1/2 個

鳥蛋 10 顆
新鮮栗子 8 顆
蒜頭 20 粒
豬腳 600g
腳筋（已發泡）2 條
豬肚 1/4 個
桶筍 2 條

醃料

米酒 1 小匙
香油 1 小匙
醬油 1 小匙
白胡椒粉 少許
太白粉 1 大匙

調味料

高湯 2500cc
紹興酒 2 大匙

☰ 備料重點 ☰

- 建議大家可以到傳統市場賣火鍋料的店家，很多食材都可以在這裡買到。
- 不同國家的鮑魚罐頭在口感與味道上都有差異，車輪牌的品質很好，最好的產地是南非，其次為澳洲、大陸，但依個人喜好或經濟條件選用即可。

作法

1 將小排骨切成小塊狀，用**醃料**拌勻醃漬約 10 分鐘，再放入油鍋中炸成金黃色，備用。（圖 A）

2 芋頭去皮切滾刀塊，鳥蛋、栗子洗淨後拭乾水分，蒜頭洗淨，再將以上四種材料放入油鍋中炸成金黃色，備用。（圖 B）

3 豬腳切小塊，腳筋切小塊，豬肚用麵粉搓洗黏液雜質再清洗乾淨、切小條，桶筍切小塊。全部處理好之後分別放入滾水中氽燙過水，再煮 30 分鐘後撈起，備用。（圖 C）

4 海參縱向切開洗淨內臟，再斜切成小塊備用。（圖 D、E）

5 乾燥干貝洗淨後使用 2 大匙紹興酒浸泡，乾香菇泡水至軟，紅棗洗淨，備用。

6 取一個佛跳牆甕，最底部先放入豬腳、豬肚、腳筋、排骨、芋頭、桶筍，再將蒜頭、鳥蛋、栗子、香菇、紅棗、干貝依序加入佛跳牆甕裡面，最後慢慢地填入所有高湯至八分滿即可。（圖 F、G、H）

TIPS
下層放比較耐煮、不易變形的食材，完成後的湯頭才會清澈，食材不會全部散掉。

7 將佛跳牆甕放入電鍋中先蒸 1.5 小時，接著開蓋放入海參、鮑魚，再續蒸 20 分鐘即完成。

A

B

C

D

E

F

G

H

砂鍋魚頭

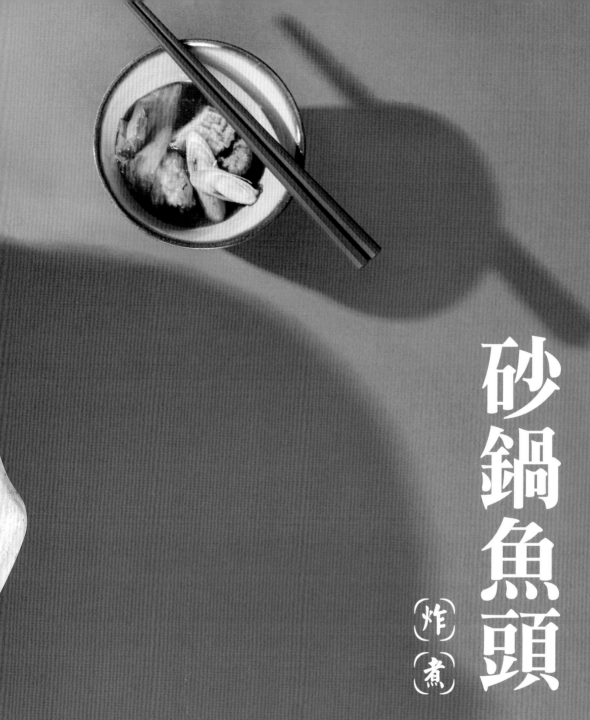

砂鍋魚頭 〔炸〕〔煮〕

　　砂鍋魚頭起源於杭州砂鍋料理。有一個說法是當年乾隆下江南時在客棧吃到後讚譽有佳，之後逐漸發展成杭州名菜。砂鍋魚頭在台灣也非常受歡迎，不論是春夏秋冬，名店都是高朋滿座。砂鍋魚頭的湯底有濃郁的沙茶香，放入炸過的鰱魚頭或其它魚一起熬煮，再加上甜口的白菜以及豆腐、炸蛋酥等豐盛配料，堆疊出更多鮮味。

　　餐廳的砂鍋魚頭通常使用鰱魚或是草魚，這裡是用整尾的鯧魚去製作，大家可以自行替換喜歡的魚肉口感。喜歡沙茶味的人，可以先把沙茶用小火仔細炒到更濃郁，如果不希望油膩感，沙茶就先濾掉油再加入。

材料

白鯧魚 1 尾（約 550g）
瘦肉片 200g
芋頭 1/2 個
蒜頭 20 粒
大白菜 1 顆
蒜苗 2 根
洋蔥 1/2 顆
乾香菇 5 朵
薑 30g
辣椒 2 條
板豆腐 1 塊
火鍋料 3 種（各 50g）
雞蛋 2 顆（炸蛋酥用）

炸粉

地瓜粉 150g

魚醃料

青蔥 1 根（切段）
薑絲 5g
米酒 1 大匙
鹽巴 少許
白胡椒 少許

肉醃料

香油 1 大匙
鹽巴 少許
白胡椒 少許
太白粉 1 大匙

調味料

扁魚粉 2 片的量
沙茶醬 150g
辣豆瓣醬 100g
白糖 1 大匙
米酒 60cc
烏醋 2 大匙
高湯 2800cc

裝飾物

油蔥酥 2 大匙
香菜 3 根

≡ 備料重點 ≡

● 魚也可以使用草魚、鰱魚、鮭魚、石斑魚等較大魚種，
煮起來的肉質甜度才會融合到湯頭裡。

● 扁魚粉是將扁魚乾先用乾鍋煎香後，放入調理機裡打碎
而成（或用刀子切細碎）。

作法

1 大白菜切大片，蒜苗切斜片，洋蔥切絲，乾香菇泡軟切片，辣椒與薑切片。
TIPS 白菜不要切太細，以免煮太爛了失去口感。

2 白鯧魚洗淨，加入**魚醃料**抓醃後（圖 A），均勻沾裹上一層有點厚度的地瓜粉，並將多餘地瓜粉輕輕拍除後（圖 B），放入 175 度的油鍋內，以中火炸至熟透且呈金黃色（圖 C），撈出瀝油備用。

3 瘦肉片加入**肉醃料**抓醃後，均勻沾裹地瓜粉，放入 170 度油鍋內，以中火炸至熟透且呈金黃色，撈出瀝油備用。（圖 D）

4 芋頭去皮切小塊，與蒜頭分別放入 170 度油鍋中，炸至上色後撈出備用。

5 炸蛋酥：將雞蛋敲入碗中攪拌均勻後，準備 180 度的熱油鍋，一手拿篩網在油鍋正上方，將蛋液倒入鍋中的同時，把篩網快速往上拉高，落入油鍋中的蛋液就會變成一顆一顆圓形，定型後撈起瀝油，備用。（圖 E、F）

6 取一個大砂鍋，加入大白菜、洋蔥、香菇、辣椒、薑，以及炸過的蒜頭、芋頭一起爆香後，接著加入所有**調味料**煮軟。再加入炸好的白鯧魚、瘦肉片、火鍋料、板豆腐、蒜苗，稍微續煮一下（時間共約 15-20 分鐘）。（圖 G、H）

7 起鍋前放上炸蛋酥、油蔥酥、香菜即完成。

A

B

C

D

E

F

G

H

十全燉海鰻魚

十全顧名思義就是十種基本中藥材，包含：當歸、川芎、芍藥、熟地、人參、白朮、茯苓、炙甘草、黃耆、肉桂，這些在中藥房都很好買，還可以依照個人需求增加不同藥材。這道養身補氣的補湯是很適合在家做的電鍋料理，只要購買處理好的生鮮鰻魚片就非常簡單，而且用電鍋燉煮的肉質更軟滑，瓦斯爐火候大，反而容易讓中藥材太快釋放味道，湯底藥味變重。記得，鰻魚在處理時表面的黏液要刷洗乾淨，湯頭才會清澈。

材料	調味料
生白鰻（已剃骨去刺）1 尾（約 500g）	米酒 1500cc
排骨（豬肋排）300g	香油 1 小匙
日本山藥 250g	鹽巴 適量
老薑 50g	白胡椒 適量
十全大補藥包 1 帖	
紅棗 10 顆	
枸杞 1 大匙	

≡ 備料重點 ≡

日本山藥的口感較為鬆軟，若用台灣山藥吃起來會過於扎實，而且較容易煮到碎裂而溶於湯底。

作法

1 鰻魚切片，洗淨後放入滾水中汆燙，再撈起備用。

2 排骨切成小塊狀，洗淨後放入滾水中汆燙，再撈起備用。

3 山藥去皮後切成滾刀塊，老薑切片，備用。

4 取一個電鍋內鍋，加入汆燙好的鰻魚與排骨、薑片、山藥、十全大補藥包以及米酒，用電鍋煮 30 分鐘。

TIPS
- 不敢吃全酒的人，可以改成一半酒一半水。
- 如果使用瓦斯爐，先以大火煮滾，再轉小火燉煮約 30-40 分鐘。

5 接著再把枸杞、紅棗、其餘所有**調味料**加入鍋中，續煮 15 分鐘即可。

十全燉海鰻魚

宜蘭西魯肉

（燴）

「西魯肉」是蘭陽老一輩人最愛的古早味宴席菜色。名字很容易讓人聯想到滷肉，但其實沒有關聯，是因為宜蘭台語口音獨特，有股特殊宜蘭腔調，「西」字與台語切「絲」的讀音相似，「勾芡」的台語説法為「打魯」。

早期人家生活窮苦，家中別説大魚大肉，所剩幾乎皆菜尾，所以會將大白菜、香菇、紅蘿蔔等平民食材切絲後拌炒，再加入菜尾相燴，並放入炸到金黃酥脆的蛋酥。熱熱的羹湯與蛋酥拌在一起，感覺羹湯裡面也有很多肉感。之後隨著社會經濟發展，西魯肉裡才開始加入豬肉、海鮮等配料，滋味變得更加豐沛。

炸蛋酥可説是西魯肉的靈魂，使用鴨蛋也是宜蘭在地特色，鴨蛋比起雞蛋，顏色鮮豔、口感扎實、香氣更濃烈。油炸時一定要將油溫控制於 180-190 度，如果油溫不夠，炸起來的蛋酥會含油量過高，這樣的蛋酥是不及格的。

材料

大白菜 1 顆（約 800g）
豬後腿肉絲 200g
魚皮 150g
扁魚乾 3 片
紅蘿蔔 60g
木耳 2 片
新鮮香菇 2 朵
金針菇 1/2 把
蝦米 1 大匙（泡軟）
鴨蛋 2 顆（炸蛋酥用）

醃料

鹽巴 少許
白胡椒 少許
香油 1 小匙
太白粉 1 小匙
米酒 1 小匙
醬油 1 小匙

調味料

高湯 700cc
醬油 1 大匙
香油 1 小匙
鹽巴 少許
白胡椒 少許
太白粉水 1 大匙

裝飾物

香菜葉 3 根
烏醋 1 大匙

≡ 備料重點 ≡

● 魚皮通常是鯊魚皮，在火鍋料店會有，賣新鮮魚貨的魚販反而很少賣。

● 材料中的香菇，選新鮮的會比乾燥的適合。新鮮香菇比較適合用在炒菜、與蔬菜燉煮、燴煮等料理；乾香菇則適合燉湯或久煮。

作法

1 豬肉絲用**醃料**抓醃後，汆燙後撈起備用。（圖 A）

2 魚皮切小段，放入滾水中汆燙一下後撈起備用。（圖 B）

3 扁魚乾放入乾鍋中，乾煎至上色酥脆，放涼後用調理機打成粉或直接用刀切碎，備用。

4 將大白菜逆紋切成粗絲狀，洗淨備用。

5 紅蘿蔔切絲，木耳切絲，香菇切片，金針菇切掉蒂頭，蝦米泡軟後略切小。

6 炸蛋酥：將鴨蛋敲入碗中攪拌均勻後，準備 180 度的熱油鍋，一手拿篩網在油鍋正上方，將蛋液倒入鍋中的同時，把篩網快速往上拉高，落入油鍋中的蛋液就會變成一顆一顆圓形，定型後撈起瀝油，備用。（圖 C、D）

7 取一個炒鍋，加入作法 5 爆香，再加入白菜、豬肉絲、扁魚粉一起炒香，然後加入太白粉水以外的**調味料**，煮約 20 分鐘。（圖 E）

8 最後在鍋中倒入太白粉水勾芡，再加入烏醋、魚皮、炸蛋酥、香菜葉，略煮一下即可。（圖 F）

A

B

C

D

E

F

扁魚蛋酥白菜滷

　　白菜滷與宜蘭西魯肉外觀相似，很多人分不清楚，白菜滷基本上不勾芡，而且食材不一定要切絲，它的香氣來源主要是扁魚。白菜滷是過去鄉村辦桌的必備菜色，也是現今台菜中的一道經典菜。辦桌時白菜滷是最適合打包帶回家的料理，因為它越滾越好吃。後期還發展出很多類似白菜滷的料理，像是白菜獅子頭、焗白菜等等。白菜滷的扁魚須先乾煎上色，再放入調理機裡面打成粉狀，沒有煎脆的話，扁魚的骨頭會扎牙，口感不佳之外，鮮味也比較不容易釋放出來。記得不要使用受潮、腥味過重的扁魚，以免影響湯頭的鮮美度。

材料

扁魚乾 4 片
大白菜 1 顆
紅蘿蔔 50g
新鮮香菇 6 朵
木耳 2 片
蝦米 1 大匙（泡軟）
蒜頭 3 粒
雞蛋 2 顆（炸蛋酥用）

調味料

高湯 800cc
醬油膏 2 大匙
醬油 1 大匙
砂糖 1 小匙
香油 1 小匙
鹽巴 1 小匙
白胡椒 1 小匙

作法

1 扁魚乾放入乾鍋中，乾煎至上色酥脆，放涼後用調理機打成粉末或直接用刀切碎。（圖 A、B）

2 大白菜切大片後洗淨，紅蘿蔔、木耳切絲，香菇切片，蒜頭切碎，蝦米泡水。

3 將蒜碎與蝦米一起放入炒鍋，加少許沙拉油（材料分量外），以中火爆香。

4 接著加入作法 1、2 的其他材料一起爆香，再加入所有**調味料**，蓋上鍋蓋燜煮約 30 分鐘即可。

5 **炸蛋酥**：將雞蛋敲入碗中攪拌均勻後，準備 180 度的熱油鍋，一手拿篩網在油鍋正上方，將蛋液倒入鍋中的同時，把篩網快速往上拉高，落入油鍋中的蛋液就會變成一顆一顆圓形，定型後撈起，瀝油備用。

6 最後將炸蛋酥加入煮好的白菜滷上面即完成。

翡翠海鮮羹

這一道翡翠海鮮羹（海皇羹），菜系屬於台菜與廣東菜，如果以我們在辦宴席的時候來說，等級上會列於魚翅羹的下一階。海鮮羹是結合了數種口感較軟質、切成小丁狀的高檔海鮮料，與翡翠一起煮成稠羹，在一碗裡品嘗到極致的鮮美。除了豐富配料與鮮味湯頭之外，翡翠更是視覺要角。所謂的翡翠，是將菠菜泥與蛋白混合後，放入油中低溫加熱成的綠色小顆粒，口感滑順帶點 Q 感，浮在湯上形成漂亮的碧綠色，讓人食指大動。

材料

新鮮干貝 5 顆
蟹腿肉 120g
蝦仁 120g
嫩豆腐 1 盒
嫩薑 20g
金針菇 1/5 把

翡翠材料

菠菜 100g
蛋白 4 顆
水 100g
沙拉油 20cc

調味料

美極鮮味露 15cc
鹽巴 1 小匙
白胡椒 1 小匙
高湯 1200cc
米酒 1 大匙
香油 15cc
太白粉水 適量

≡ 備料重點 ≡

海鮮羹的高湯可以購買現成高湯罐頭，
較為方便。不嫌麻煩的人，可以自己用
雞骨頭熬雞高湯，或者是煮豬骨高湯，
都適合使用。

作法

1 先將菠菜洗淨切碎，放入果汁機裡面，加入水、沙拉油打成泥狀，再過篩去除根莖。（圖 A、B）

2 製作翡翠：將蛋白與菠菜泥攪拌均勻後，**倒入冷油中開中火加熱，一邊慢慢繞圈攪拌至熟成，變成顆粒狀後，用篩網撈起**（圖 C、D），泡冰塊水洗滌 2-3 次，使其定型。

TIPS

一定要從冷油開始加熱，才會慢慢凝結成蝌蚪般的顆粒狀，成形後就撈起。如果放入熱油中就會瞬間結成一大片，炸太久也會變得很大塊，看起來不漂亮。

3 將嫩豆腐切成小塊，薑切碎，金針菇切碎，新鮮干貝切小丁、蝦仁切小丁、蟹肉洗淨。（圖 E）

4 把干貝、蝦仁、蟹肉放入滾水中快速汆燙，過水撈起備用。（圖 F）

5 取一個炒鍋先加入薑碎爆香，接著加入太白粉水以外的**調味料**、金針菇、嫩豆腐、翡翠煮滾，最後加入汆燙好的海鮮，並加入太白粉水勾薄芡即可。（圖 G）

延 伸 食 譜

蟹肉海鮮羹

材料		醃料	調味料	裝飾物
白蝦 20 尾	竹筍 1 根	鹽巴 少許	淡醬油 1 小匙	香菜葉 1 大匙
蟹腿肉 200g	紅蘿蔔 100g	白胡椒 少許	砂糖 少許	烏醋或鎮江醋 選配
大白菜 1/4 顆	火腿片 2 片	香油 1 小匙	鹽巴 少許	
木耳 2 片		砂糖 1 小匙	白胡椒 少許	
		米酒 1 小匙	太白粉水 適量	
		太白粉 少許		

作法

1 白蝦去殼取蝦仁，再將蝦肉切小丁。

2 將蝦殼以少許沙拉油（材料分量外）爆香，再加入水 2000cc 煮約 10 分鐘，做出蝦高湯。

3 蟹腿肉放入**醃料**中抓醃，再放入滾水中汆燙一下後，撈起備用。

4 將大白菜、木耳、竹筍、紅蘿蔔、火腿都切成絲狀備用。

5 取一支炒鍋加入作法 4 的食材，並加入太白粉水以外的**調味料**、作法 2 的蝦高湯，中火煮約 10 分鐘後，再加入蟹腿肉與蝦仁丁稍微續煮。

6 最後加入太白粉水勾薄芡，並依個人喜好淋上烏醋或鎮江醋，撒上切碎的香菜葉裝飾即可。

台灣廣廈 國際出版集團
Taiwan Mansion International Group

國家圖書館出版品預行編目（CIP）資料

傳家大廚菜：國宴主廚邱寶郎的30年終極之味！輕鬆拆解「色香味」技法，在家重現經典功夫菜 / 邱寶郎著. -- 初版. -- 新北市：台灣廣廈，2021.11
　面；　公分.
　ISBN 978-986-130-515-8
1.食譜　2.烹飪　3.臺灣

427.133　　　　　　　　　　　　　　110018194

傳家大廚菜
國宴主廚邱寶郎的**30**年終極之味！輕鬆拆解「色香味」技法，在家重現經典功夫菜

作　　　者／邱寶郎	編輯中心編輯長／張秀環
攝　　　影／Hand in Hand Photodesign　璞真奕睿影像	執行編輯／許秀妃・蔡沐晨
	封面・內頁設計／曾詩涵
製 作 協 力／庫立馬媒體科技股份有限公司　料理123	內頁排版／菩薩蠻數位文化有限公司
	製版・印刷・裝訂／東豪・弼聖・秉成
經 紀 統 籌／羅悅嘉	
經 紀 執 行／何佩珊	
拍 攝 協 力／程欣儀	

行企研發中心總監／陳冠蒨　　　　　　　媒體公關組／陳柔彣
　　　　　　　　　　　　　　　　　　綜合業務組／何欣穎

發 行 人／江媛珍
法 律 顧 問／第一國際法律事務所 余淑杏律師・北辰著作權事務所 蕭雄淋律師
出　　　版／台灣廣廈
發　　　行／台灣廣廈有聲圖書有限公司
　　　　　　地址：新北市235中和區中山路二段359巷7號2樓
　　　　　　電話：（886）2-2225-5777・傳真：（886）2-2225-8052

代理印務・全球總經銷／知遠文化事業有限公司
　　　　　　地址：新北市222深坑區北深路三段155巷25號5樓
　　　　　　電話：（886）2-2664-8800・傳真：（886）2-2664-8801
郵 政 劃 撥／劃撥帳號：18836722
　　　　　　劃撥戶名：知遠文化事業有限公司（※單次購書金額未達1000元，請另付70元郵資。）

■出版日期：2021年11月　　　■初版2刷：2021年12月
ISBN：978-986-130-515-8